U0596736

机构知识库的建设和发展

Construction and Development of Institutional Repository

王声媛 陈常菊 刘晓丽 著

中国财经出版传媒集团

经济科学出版社

Economic Science Press

图书在版编目（CIP）数据

机构知识库的建设和发展/王声媛等著. —北京：经济科学
出版社，2019.8
ISBN 978 - 7 - 5218 - 0841 - 4

Ⅰ.①机…　Ⅱ.①王…　Ⅲ.①学术机构 - 知识库 - 研究
Ⅳ.①G311

中国版本图书馆 CIP 数据核字（2019）第 180365 号

责任编辑：于海汛　陈　晨
责任校对：隗立娜
责任印制：李　鹏

机构知识库的建设和发展
王声媛　陈常菊　刘晓丽　著
经济科学出版社出版、发行　新华书店经销
社址：北京市海淀区阜成路甲 28 号　邮编：100142
总编部电话：010 - 88191217　发行部电话：010 - 88191522
网址：www. esp. com. cn
电子邮件：esp@ esp. com. cn
天猫网店：经济科学出版社旗舰店
网址：http://jjkxcbs. tmall. com
北京季蜂印刷有限公司印装
787 × 1092　16 开　14.5 印张　280000 字
2019 年 8 月第 1 版　2019 年 8 月第 1 次印刷
ISBN 978 - 7 - 5218 - 0841 - 4　定价：58.00 元
（图书出现印装问题，本社负责调换。电话：010 - 88191510）
（版权所有　侵权必究　打击盗版　举报热线：010 - 88191661
QQ：2242791300　营销中心电话：010 - 88191537
电子邮箱：dbts@esp. com. cn）

前　言

随着开放获取运动的开展，机构知识库作为实现开放获取的重要途径，自其诞生以来一直是图书情报学领域研究的热点，它依托着开放存取运动的兴起与推动，成为现代科学信息交流的重要途径之一。同时机构知识库改变了全世界传统的学术交流和出版模式；促进了数字资源信息的迅猛发展。

国外对机构知识库的研究和实践进行的较早，发展的较为成熟。而我国对机构知识库的研究起步较晚，且多停留在理论研究上，对机构知识库的构建数量近年虽然有所增加，但建设质量和实践应用上还存在许多问题。研究成果多是期刊论文和毕业论文，相关的专著很少。因此，本书主要对机构知识库目前的建设和发展情况进行了梳理分析。本书共分上、下两篇共 11 章。上篇详细介绍了国内外机构知识库的起源、建设、发展及现状，并提出了我国机构知识库的发展前景及策略；下篇采用分层抽样的方法重点分析了国内外有代表性的机构知识库的建设案例，分析总结了各机构知识库的建设历程、采用的软件、模块内容和功能的设置、实践应用情况等。

王声媛负责全书的框架构建以及各章书稿的撰写与修改。陈常菊参与了上篇理论研究的编写工作；刘晓丽参与了下篇案例分析的编写工作。

本书适合于相关领域科研工作者学习、研究参考使用。

目　　录

上篇　理论研究

上 篇
理论研究

第 1 章

导　　论

1.1　OA 概论

1.1.1　OA 的产生

OA，英文全称 Open Access，译为开放获取或开放存取，是国际学术界、出版界及图书情报界为了推动科研成果利用互联网自由传播而采取的一种行动。

众所周知，无论在自然科学领域还是社会科学领域，学术期刊的地位都是非常重要的，是广大学者们进行学术交流的重要途径。学者们既可以通过学术期刊了解相关研究的研究状况，又可以通过学术期刊发表自己的研究成果和间接供同行参考。学术期刊一直是学术传播体系中最为重要的传播媒介。然而，20 世纪 70 年代开始出现了"学术期刊出版危机"，一方面，各类学术期刊纷纷涨价，根据 Blackwell 期刊价格指数显示，在 1990～2000 年，科技领域学术期刊的涨幅为 178.3%，医学领域学术期刊的涨幅为 184.3%，社会人文科学领域学术期刊的涨幅则达到了 185.9%；另一方面，作为学术期刊主要购买者的图书馆的资金投入增长缓慢甚至出现负增长。因此，许多图书馆因为资金短缺只能"望刊兴叹"，同时学术期刊价格的继续增长使图书馆更加买不起，依次循环，严重影响到全球学者之间的学术交流和知识传播，形成了"学术期刊出版危机"。

为了解决"学术期刊出版危机"，20 世纪 90 年代末，OA 运动开始在国际学术界、出版界、图书情报界和信息传播界大规模兴起。OA 运动的兴起，其目的在于利用因特网（Internet）的特殊能力，大力推动科学研究成果的自由传播和利用，从而打破"学术期刊出版危机"现状，促进学术信息的全球交流和科学研究成果的公共利用，并达到长期保存科学信息的目的，从而为科学研究提供坚实的后盾。

1.1.2 OA 的概念和相关活动

1. OA 的概念

2001 年 12 月，开放协议研究所在匈牙利的布达佩斯召开国际研讨会，主题即为开放获取，研讨会起草和发表了著名的 "布达佩斯开放获取倡议"（BOAI）。按照布达佩斯开放获取倡议的定义，对一篇文献的开放获取，指的是在国际互联网的公共区域里此文献对所有科研人员是公开的，即所有人员均可以免费获取该文献的相关内容，而不受任何限制，如检索、查阅、复制、全文下载、传递以及对此文献进行超级链接等，甚至于建立该文献的索引，以便用户用于软件的数据输入等所有合法的使用。用户在使用该文献时将不会受到技术、财力或法律等的限制，而只需要在存取时保持文献的完整性，对其复制和传递的唯一限制要求是文献的作者有权控制其作品的完整性，并且该文献应该被准确接收和引用。

美国研究图书馆协会（Association of Research Libraries）对 "开放获取" 的解释是：传统出版模式以订阅盈利为目的，而 "开放获取" 恰恰是在传统出版模式以外的另一种选择。在数字技术和网络化通信的大环境下，通过开放获取所有人都可以不受限制地在相关网站获取需要的各类科研资源，且不需花费任何费用，科研资源包括各类期刊文章、报告、学位论文等的全文信息，使用者需将其用于科研教育及其他非营利性活动。开放存取的出现，一方面促进了科学信息的广泛传播，一方面加强了学术信息的交流和出版，提高了科学研究的共享程度和利用效率，科学信息也达到了长期保存的目的。

开放获取是信息化环境中的一种新型学术信息交流方法，作者在提交其科学研究资源时不以直接的金钱回报为目的，而只是为了公众可以在公共网络上对其作品资源进行充分利用，使其作品能够得到广泛传播并能够长时间保存，既提高了作者的声誉又促进了学术资源的相互交流。

从上面的介绍中，我们可以看出，开放获取的出现有两大具体作用：一是通过开放获取，全球的学术信息得以免费向社会公众开放，打破了价格障碍，解决了 "学术期刊出版危机"；二是开放获取使得学术信息具备了可获得性，从而打破了使用权限障碍，促进了学术信息的交流互通。

2. 国内的 OA 活动

从 2012 年 10 月至 2018 年 10 月，中国每年都会举办一次 "中国开放获取推介周"（China Open Access Week）国际研讨会，目前已连续成功举办七届。"中国开放获取推介周"国际研讨会已成为国内外资助机构、科技界、文献情报界、出版界共同讨论开放获取以及开放科学发展趋势、战略、机制、政策和实践的主要论坛，每年都有国内外众多机构的代表参加。

　　2012 年 10 月 22 日至 24 日，首届"中国开放获取推介周"由中国科学院国家科学图书馆主办。在本届研讨会中，主办方向科学界和学术界宣传并介绍了开放获取的诸多好处，汇报并交流了开放获取的实践经验和实践成果，大大提高了科学界对开放获取的关注度，推动了机构在国家层面对开放获取政策的具体实施。

　　2013 年 10 月 21 日至 23 日，中国科学院国家科学图书馆组织举办了第二届"中国开放获取推介周"。本次开放获取周活动包括三个主题："开放获取知识库日""开放获取出版日""开放获取资源日"。活动中介绍和研讨了开放获取的政策、策略、实施机制、支撑机制等方面的实践经验和面临的挑战，将开放获取在中国的发展现状进行了全面系统地介绍，包括具体的开放获取实践案例、不同层面的支持政策和服务机制。内容涉及以下方面：机构知识库的建设模式与角色定位、学术期刊对机构知识库中存储论文的意见、用户对机构知识库的使用和预期、机构知识库的激励和评价、机构知识库的未来可持续发展方向、开放获取期刊的运营模式和创新发展、开放获取的支撑服务和新出现的开放获取资源等。本次活动中首次设立了"开放获取资源日"，重点侧重交流了机构知识库和开放获取期刊以外的其他新型开放获取途径，认为图书情报机构和科教机构应该用全新的政策、服务和技术手段来管理可利用开放的学术资源。

　　2014 年 5 月 15 日，中国科学院、中国国家自然科学基金委正式发布公共资金资助的科研论文开放获取的政策声明，要求受资助或承担资助项目产生的已发表科研论文通过机构知识库开放存储，并不晚于发表后 12 个月内公开发布。同时，中国科学院的开放获取政策声明还支持公共资助科研项目在具备可靠质量控制和合理费用的开放出版学术期刊上发表论文。为了应对这些开放获取政策的要求，第三届"中国开放获取推介周"于 2014 年 10 月 20 日召开，在会议中针对开放获取的两种实践形式，面向不同受众，分别设立了"开放获取出版日""开放存储日"。"开放获取出版日"的受众主要是国内的科技期刊编辑，当届的"开放获取出版日"分析了开放获取出版的政策内容与相关实践经验，同时邀请国内有开放出版实践经验的重要单位对开放出版方面的政策与实践进行了详细介绍，介绍内容包括国内相关机构支持开放出版的政策和资助计划、开放出版支持计划的实施操作和挑战，还介绍了国外资助机构和科研教育机构支持开放出版实践以及出版社开放出版的实践进展情况。"开放存储日"

的受众主要是图书馆界的机构知识库专业人员，包括技术人员、管理人员和图书馆管理人员等，当届的"开放存储日"针对实施国家自然科学基金委等开放获取政策的问题与措施，邀请了国内机构知识库建设的重点单位代表，介绍了科研机构和高校机构知识库的发展，介绍了科学数据、科技报告、开放图书、开放课件等的开放共享内容。

2015 年 10 月举办的第四届中国开放获取推介周由中国科学院文献情报中心主办，中国图书馆学会高校图书馆分会、中国图书馆学会专业图书馆分会和中科院自然期刊编辑研究会协办，会议共举办了 18 场专题演讲，4 场交流讨论，会场中展示了来自我国 26 个科研教育机构（包含台湾地区）的机构知识库案例展板。大会讨论的内容包括：如何检验、衡量和评价开放获取政策的实施效果；如何制定合理的开放出版资助框架；如何利用机构知识库开展深层次的服务以及如何通过建立合理的权益框架与激励机制推动科研数据及其他类型科研成果开放获取等内容。

2016 年第五届中国开放获取推介周的主题为"开放获取的实施：挑战与实践"（Implementation：Challenges and Practices），会议聚焦在如何有效、可靠和可持续地实施开放获取上，侧重介绍如何制定可操作的机构开放获取政策和期刊开放获取政策，如何建立开放存缴的实施监测机制，如何制定资助机构的开放出版资助政策，如何遴选开放出版期刊，如何推动文献订购费转换为开放出版费，如何实现可发现可获取可理解可重用的数据共享，如何通过共享数据库、数据期刊以及发布辅助数据等措施支持数据共享等，并邀请了 DOAJ、GigaScience、CODATA 以及国内相关机构介绍自己的政策选择和实施范例。

2017 年第六届中国开放获取推介周的主题是"开放科学与创新服务"，会议聚焦"开放获取 2020 倡议计划"和"开放科学的新发展"，设置了 18 场精彩的讲座和 4 次交流互动环节，吸引了包括科技界、教育界、出版界和图书馆界在内的 300 余名同仁对相关问题进行了深入剖析和共同讨论，共同探讨了中国开放获取和开放科学的战略、政策和行动。

2018 年 10 月，第七届中国开放获取推介周（2018 China Open Access Week）在中国科学院文献情报中心举行。本届推介周聚焦"开放科学的新发展""开放数据的服务实践""数据、方法、代码的开放获取"，设置了 21 场精彩的讲座、3 场专家讨论和 1 场圆桌论坛，国内外专家、科技界、教育界、出版界和图书馆界的 300 多名同仁参加了本次会议，共同探讨中国开放获取和开放科学的战略、政策和行动。

1.2　机构知识库概论

1.2.1　机构知识库的产生背景

1878 年，约翰霍普金斯大学（Johns Hopkins University）的第一任校长吉尔曼（Gilman）认为：促进知识的创新发展，不只在能够参加日常讲座的人中传播知识，而且在更广泛的范围内传播知识，这是一所大学最高尚的职责之一。在那个时代，吉尔曼的话与大学出版社的概念有关，他认为学术期刊是科学成果传播的有效途径，为此他创办了很多国家级的著名刊物，如《美国数学》。在知识经济时代，这一理念同样适用于机构知识库。机构知识库为大家提供了一个机会，使大家能够与世界范围内的学者群体分享其知识财富，并使所有感兴趣的读者都能接触到所有成员的发现和观点。机构知识库确保学者们各类重要的学术成果能够长期保存并广泛传播，使得各机构能够在世界范围内提高知名度，并对各类目标进行跟踪并做出评价，从而增加其研究投资回报。

20 世纪 70 年代开始出现的"学术期刊出版危机"推动了开放存取运动的出现和发展。可以说，机构知识库始于 OA 运动，是伴随 OA 运动的发展而兴起的一种学术交流与资源共享方式。开放获取包含开放机构知识库和开放期刊两方面的内容。

机构知识库是指高校和科研院所将本机构科研人员的学术成果及信息收集整合起来，放在专门的系统平台里进行管理和集中展示，用于长期保存本机构的资源并负责对外展示，同时使用人员可以通过局域网（如校园网）或机构与机构之间的共享协议来使用这些学术资源，也可通过此平台进行学术交流，提高机构和个人的知名度，促进学术合作。

机构知识库的建立有效解决了当时学术界面临的学术交流危机，机构知识库的出现一方面促进了学术的传播和共享利用，另一方面使高校和科研机构本身的知识和学术资源得到了长期妥善的保存。同时，机构知识库的出现为科研人员获得相关资源提供了很大的便利，使文章的被引频次大大提高，一方面提高了科研人员和机构的声望，另一方面也提升了这些学术刊物的影响因子。

2002 年，麻省理工学院联合惠普公司联合开发了 Dspsce 开源软件，由此创立了世界上第一个机构知识库，开启了世界范围内对机构知识库的广泛研究和探讨。现在，随着开放获取背景下相关政策法规的不断完善和实践活动的逐步深入，开放获取的观念已经深入人心，而机构知识库在世界各国的建设也在如火如荼地进行中。

1.2.2 机构知识库的概念和特征

1. 机构知识库的概念

机构知识库（Institutional Repository，IR），又被称为机构库、机构资源库、机构仓库，而在中国香港、台湾地区的称呼是机构典藏库。机构知识库是一种基于全球开放共享理念的新型知识组织和传播的门户。它允许各类搜索引擎的搜索，从而可以使全球各学者、机构之间做到学术交流和分享。

目前，很多专家学者及机构都对机构知识库提出了自己的见解和看法，但是至今对机构知识库还没有一个明确的定义。2002 年学术出版与学术资源联盟（Scholarly Publishing and Academic Resources Coalition，SPARC）的高级顾问莱姆·克罗（Raym Crow）第一次在其论文中提出机构知识库的概念："机构知识库是学术机构为捕捉并保存本机构的智力成果而建立的数字资源仓库。"SPARC 事业部主任理查德·K. 约翰逊（Richard K. Johnson）认为："机构知识库是一个数字资源集合，捕捉并保存单个或多个团体的智力成果。"麻省理工学院图书馆的领导人工作手册将其定义为："机构知识库是一个具有一系列服务功能的数据库，获取、存储、索引、保存和分发学术机构中以数字形式存在的学术研究内容。"克利福德·A. 林奇（Clifford A. Lynch）认为："机构知识库是大学为其成员创建的数字资源提供的一系列服务，内容包括学术生活的方方面面，是机构对其责任的一种认识和实现方式。"上海图书馆馆长吴建中认为，机构知识库是指收集并保存单个或数个大学共同体知识资源的知识库，在学术交流体系的诸要素中扮演着关键的角色。

尽管不同学者和机构对于机构知识库的定义不完全一样，但本质差别并不大，都是从资源和服务的角度对机构知识库进行定义。在此，本书认为，机构知识库是一个可以为大学、科研院所或者知识密集型单位提供完整的科研信息服务，便于机构内部的用户管理和信息使用所创造的基于网络的开放共享资源数据库。可以说，机构知识库是一个机构所拥有的资源和服务的整合。

2. 机构知识库的特征

综合研究机构知识库的相关理论知识和建设经验，我们可以得出，机构知识库有如下几个特征：

（1）开放共享性。开放共享性，是机构知识库的首要特征。前文说过，机构知识库本身就是伴随开放存取运动的发展而兴起的一种学术交流与资源共享方式，其出现的目的就是便于全球学者、机构之间进行学术交流和分享。可以说，机构知识库实际上是开放获取运动的一种特殊运作方式。国内外各大院校的学生甚至可以通过机构知识库学习其专业课和选修课，教师们可以通过机构知识库进一步丰富和完善教学内容、更新教学方法。各机构的科研人员也可以通过机构知识库这一平台来提高自己的学术知名度和影响力。因此，开放共享性是全球所有机构知识库的首要特征，也是其必须具备的特征。

（2）学术性、专业性。机构知识库的主体是各高校和机构，都是专业的组织，二期课题则是各种学术型资源，包括不同专业研究方向的期刊论文、学位论文、各类会议论文、研究成果、教学资料及工作报告等，学术性和专业性非常强。

（3）资源的可持续性。机构知识库的性质要求其所保存的资源将是动态增长的，是能够长期保存的。通过机构知识库，人们可以连续不断地将各种不同类型的数据资源进行长期保存和专业运行，并在一定范围内推广，供广大学者进行查阅和学习。机构知识库内的数据资源始终处于一种动态发展的状态中，同时，随着科技的进步和发展，机构知识库的软硬件和管理方式也在不断地革新，处于良性的动态可持续发展中。因此，动态性和可持续性是机构知识库的一个十分重要的特征。

（4）方便操作性。前文说过，机构知识库是一个机构提供资源和服务的集合。因此，大部分机构知识库的界面都比较友好，系统一般采用菜单式，界面简洁友好，操作比较方便，没有计算机基础的用户也可以很方便地操作和使用知识库中的资源。

（5）网络性。所有的机构知识库都是基于网络构建和实现的，通过网络来实现资源的提交和共享，进行管理和运行。可以说，没有网络就没有机构知识库，网络是机构知识库的基础。

1.2.3 机构知识库建设的意义

机构知识库建设的意义，我们从三方面进行分析。

1. 对学术界的意义

机构知识库的构建在宏观上对学术界具有重要的意义，直接快速地促进了学术信息的交流和传播。

前述说过，20 世纪末，一方面纸质期刊售价不断上涨，另一方面机构经费增长幅度太小甚至缩减，导致机构无法采购所需的全部期刊，出现了"学术期刊出版危机"，给机构的教学科研工作带来不利影响。同时，一个普遍的问题是纸质期刊文章发表周期长，信息传播速度慢，另外，因期刊的页数有限使得发表的文章篇幅也受限，因此在学术交流和信息传播上都有滞后性。而目前随着人类的发展、科技的进步随时随地都会产生大量的学术资源，而因各科研机构的发展不平衡，条件不一样，导致其在学术资源的获取、研究进展的及时公布，信息交流、合作沟通等诸方面都存在不均衡的问题。这些情况都严重阻碍了学术信息在全球间的传播与交流。

作为开放的信息资源管理和知识共享平台，机构知识库对任何用户都免费开放，用户均可通过互联网在政策协议允许的范围内获取里面的资源。同时，各位学者也可以随时将自己最新的研究成果上传到机构知识库中，一方面便于保存，另一方面也可以随时修改和补充自己的研究内容，同时其他学者也可就其研究内容和情况随时和资源的提供者进行交流沟通，促进了学术研究成果的不断更新和发展。

机构知识库与传统纸质期刊相比具有许多优点：学者们的学术成果能够及时上传和发表，存储的信息资源种类繁多，获取各类成果方便、快捷、高效且是免费的。通过机构知识库的桥梁作用，世界各地各机构的科研人员可以随时交流，免费获得科研信息和资源，能实现真正意义上的开放获取、资源共享，彻底解决了机构间信息交流不对等、获取信息不平衡的问题，为学者们提供了一个开放获取的知识交流平台。

纸质期刊是传统学术交流模式的核心。在我国，高校和科研院所中的工作人员进行职称评定、项目结题、成果鉴定时都被要求在纸质期刊上发表一定数量的相关论文，造成了很大的拥挤和浪费，不利于科研工作的发展。随着机构知识库的建设和使用，许多机构的项目申报、工作量核算、职称评定等工作都依赖于机构知识库中的数据。而科研人员也开始习惯用机构知识库来保存和使用学术资源，这些变化改变了原有的学术交流模式，提高了科研效率，促进了全球科研水平的快速发展。

2. 对机构的意义

机构知识库的构建对建设单位也有很大意义。目前，科研机构和高校是机构知识库的建设主体，机构知识库的建设既可降低机构的学术成本、加快科研信息的传播和交流，又可提高机构的学术地位、扩大机构科研影响力。

机构知识库以机构为整体，通过收集、保存和传播本机构的资源成果，系统完整地展示了本机构的科研水平，并为机构成员提供各类信息服务。同时，由于机构知识库中存储了机构内部所有成员的科研成果，使机构可以通过对机构知识库中储存的各项成果进行分类统计分析，从而掌握机构内部的学术研究现状和具体进展，也能够对机构的各项活动及成员进行客观评价，这样做既提高了机构内部的办事效率，还有助于提升机构在业界的学术地位和影响力。另一方面，机构知识库具有互操作性，且对所有使用者和机构都是开放的，因此可以实现各机构间资源信息的高度共享，即通过互联网科研人员可获取其他机构知识库的资源信息，既提高了资源获取效率，又为机构节约了期刊采买成本，一举多得。

3. 对科研人员的意义

机构知识库在构建时为每一位科研人员都设置了"个人空间"。科研人员可以自行设计空间内容，存入个人研究成果，并在职称评定、奖项申报时提取使用个人信息。另外，科研人员的最新研究成果也可以通过机构知识库快速上传并广泛传播，这即可便于科研人员信息的获得和交流，又可提高科研人员的学术知名度。因为科研人员都愿意快速发表和传播本人及团队的最新科研成果，以便提高其在相关领域的学术影响力。但由于目前期刊、著作的学术出版模式的商业化，学术发表流程复杂，版面费也高，出版周期较长，严重影响了研究人员的科研效率，也影响了科研成果的传播和使用，如被引频次的滞后性，这不利于提高科研人员的学术声望，制约了科学研究的发展。而机构知识库的出现很好地解决了这些问题。因为在机构知识库中科研人员可以实时发布个人的研究成果，并可以利用机构知识库的储存功能实现个人所有成果的实时和长期保存，为科研人员提供了一个很好的交流和储存科研成果的平台，在一定程度上促进了科研成果的广泛传播，提高了科研人员的学术声望和影响力。

总之，建设机构知识库，加快了学术资源和研究成果的传播速度，使用者也可以通过 Internet 利用机构知识库免费获取科研所需的各种资源，打破了过去资源获取的障碍，节约了用户的时间和成本。

1.3　机构知识库在高校图书馆中的作用

机构知识库的发展对于高校图书馆来说既是机遇又是挑战。机构知识库的大规模快速发展使得高校图书馆在信息服务与学术交流中的地位受到了强有力的挑战，使高校图书馆必须重新审视自己的定位，努力拓展新的生存和发展空间。

对高校而言，机构知识库的建立是必要的。首先，可以促进各高校教学及科研水平的传承和提高。随着信息技术的发展和网络的普及，高校教科研人员的教科研成果形式变得多样化，既有通过传统形式出版的图书、期刊、专著等，又有诸如实验数据、课件、经验总结、报告等各种数字化成果，若不能及时存储利用，其作用既无法发挥还容易丢失。而这些数字化成果是高校重要的资源，对提升学校教科研水平起着至关重要的作用。机构知识库可以收集这些数字化资源，并将他们分类有序地存储起来，从而实现他们的存储、利用和共享。其次，可以提高学术交流的时效性。在传统期刊上发表论文，需要经过同行评审这一程序，即使评审通过也有可能需要过一段时间才能发表。因此，一篇论文要想到达读者手中需要很长的时间。例如一般期刊的审稿时间短则 1~3 个月，长则半年甚至一年，出刊也需要几个月到一年。而机构知识库可以存储学者已完成但未正式通过出版商发表的作品，大大缩短了论文从完成到出版的时间。而且机构知识库的用户不存在身份、地域和国界限制，有利于消除信息鸿沟，实现信息的公平使用，从而提高学术交流的时效性。最后，机构知识库的建立可以使高校分散的知识资源得以聚集起来，使机构内外的人员都可以通过互联网免费获取和使用，从而提高知识和资源的影响力和被引用概率，进而提高高校的知名度。

第 2 章

机构知识库的发展及研究现状分析

2.1 世界机构知识库的理论研究现状分析

为研究国外对机构数据库的最新研究现状，本书利用 Web of Science 核心合集数据库分析工具快速分析自 2002 年以来国外机构知识库的相关文献并总结其研究趋势。

2.1.1 为什么选择 Web of Science 核心合集数据库？

Web of Science 核心合集数据库是全球最大、覆盖学科最多的综合性学术信息资源，是获取全球学术信息的重要数据库。它有国际化的引文索引系统，对收录的期刊有严格的审核标准，其收录的论文有较高的质量，容易引起较大关注。Web of Science 核心合集数据库收录了 12000 多种在世界上影响力大并有一定权威的学术期刊，内容涵盖自然社会科学、工程技术、生物医学、人文艺术等多个领域，时间最早的可追溯至 1900 年，是学者们进行科学研究与科研管理的重要工具。

因此，我们选择使用 Web of Science 核心合集数据库进行分析统计。

2.1.2 Web of Science 核心合集数据库统计分析结果

1. 世界各国对 OA 研究的现状

首先，本书以"Open Access"为主题，设置时间段"2008～2019 年"进行检索，截止到 2019 年 3 月 15 日，共检索到文献 42714 篇，再点击"分析检索结果"，分别对出版年份、国家地区及基金资助机构、文献类型、研究方向及语言分布进行统计分析,结果如图 2 - 1 所示。

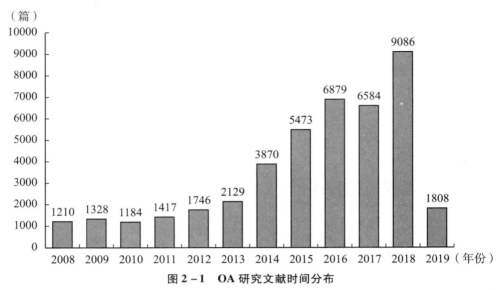

图 2 - 1　OA 研究文献时间分布

注:2019 年数据截止日期为 2019 年 3 月 15 日。
资料来源:笔者整理所得。

(1) 出版年份分布。通过图 2 - 1 我们可以看出,2008 ~ 2019 年的 12 年间,以 OA 为研究主题的文献数量非常多,且总数量呈现快速上升趋势。2018 年发表文献数量最多,达到了 9086 篇,最少的是 2010 年,但也有 1184 篇,2008 ~ 2018 年平均每年发表相关文献 3719 篇。

(2) 文献发表国别/地区及基金资助机构分析。对文献发表的国别/地区进行统计分析,我们发现在 OA 方面发表文章最多的国家是美国,占世界发文总量的近 30% 。中国发文总量也达到了 6928 篇 (包括台湾地区的 782 篇),超过英国和德国,位居世界第二位,但总量与美国相比仍有不小差距。论文发表的具体国别分布如图 2 - 2 所示。

对发表文献的基金资助机构进行研究,我们可以发现,中国国家自然科学基金的文献数为 3265 篇,占比达到 7.644% ,排在世界第一位,此外,中国的中央高校基本科研业务费专项资金的文献数量也很多,这充分证明中国政府层面对 OA 研究非常重视,为中国 OA 研究的快速发展起到了重大的推动作用。

另外,我们可以看到,美国和英国的基金资助机构资助发表的 OA 相关文献数量也很多,其中美国的国家科学基金会和美国国立卫生研究院资助发表的 OA 文献数量都超过了 1000 篇,英国工程与物理科学研究委员会资助发表的 OA 文献数量也超过了 1000 篇,具体分布情况,如表 2 - 1 所示。

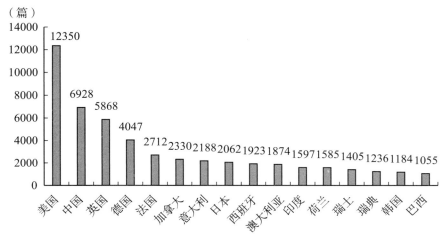

图 2 - 2　世界 OA 主题文献发表数量前 16 名分布

资料来源：笔者整理所得。

表 2 - 1　　　　　　　　　　　　　　基金资助机构分布表

排序	基金资助机构名称	文献数量（篇）	占比（%）
1	中国国家自然科学基金	3265	7.644
2	美国国家科学基金会	1275	2.985
3	美国国立卫生研究院	1139	2.667
4	英国工程与物理科学研究委员会	1130	2.645
5	英国医学研究委员会	697	1.63
6	英国惠康基金会	577	1.35
7	中国中央高校基本科研业务费专项资金	450	1.05
8	欧洲联盟	402	0.94
9	英国生物技术与生物科学研究委员会	346	0.81
10	英国国家健康研究所	287	0.67

资料来源：笔者整理所得。

（3）文献类别及研究方向分析。我们对文献类别进行分析统计，发现 Web of Science 核心合集数据库中有多种文献类型，包括：论文、综述、社论材料、会议论文、会议概要、书信、新闻、修订、专著、数据论文、软件评论、书评、再版、已撤销出版物、预览版、传记、传记项目共计 18 种，具体数量如表 2 - 2 所示。

表 2-2 OA 文献类别统计数据

序号	文献类型	文献数量（篇）	占比（%）
1	论文	37749	88.884
2	综述	2920	6.843
3	社论材料	1058	2.479
4	会议论文	856	2.004
5	会议概要	278	0.651
6	书信	187	0.438
7	新闻	139	0.325
8	修订	134	0.314
9	专著	59	0.138
10	数据论文	36	0.084
11	软件评论	10	0.023
12	书评	8	0.019
13	再版	7	0.016
14	已撤销出版物	5	0.012
15	预览版	4	0.009
16	传记	1	0.002
17	传记项目	1	0.002
18	数据库评论	1	0.002

资料来源：笔者整理所得。

通过表 2-2 我们可以看出，已发表 OA 文献中，论文的数量最多，占比达到了 88.884%。此外，占比超过 2% 的还有综述、社论材料和会议论文三种。其他 14 种文献类型数量较少，都低于 1%，总计数量只占文献总量的 2%。这说明世界各国对 OA 方面的理论研究结果主要是以论文的形式存在的。

通过对世界各国 OA 文献的具体研究方向进行分析，我们可以发现，对 OA 研究最多的方向是光学，数量超过 5374 篇，约占总文献数量的 12.6%；其次是工程学方向，数量达到 3776，占总数量的 8.84%。具体各学科相关论文分布图如图 2-3 所示。

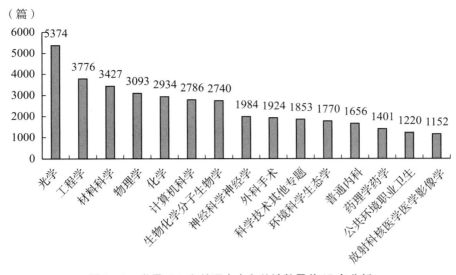

图 2 – 3 世界 OA 文献研究方向总计数量前 15 名分析

资料来源：笔者整理所得。

由此我们可以看出，OA 的应用领域很广，从光学到工程学、物理学、化学，再到计算机科学、医药学、环境科学等领域，应用范围非常广泛。

（4）语言分布。我们对 42714 篇文章的语种进行分析，可以发现有 98. 32%（41996 篇）是以英语发表的，以中文发表的只有 24 篇，占比不到 1%。这说明在国际上，英语依然还是公认的科研通用语言、国际学术语言。

2. 世界各国机构知识库研究现状

本书以"Institutional Repository"为主题，设置时间段"2008 ~ 2018 年"进行检索，共检索到文献 275 篇，再点击"分析检索结果"，分别对出版年、国家地区、文献类型、研究方向及语言分布进行统计分析：

（1）出版年份分布。文献的发表年份统计可以揭示一个研究领域的研究时间分布情况，从而可以反映该领域的研究规模和整体研究状况。2008 ~ 2018 年这 11 年间，世界各国机构知识库的研究文献年度分布参见图 2 – 4。

通过图 2 – 4 我们可以看出，以机构知识库为研究主题的文献数量跌宕起伏，但总趋势是上升的。2018 年发表文献数量最多，达到了 42 篇，最少的是 2011 年，只有 12 篇，2008 ~ 2018 年平均每年发表相关文献 25 篇。

图 2 - 4　世界各国机构知识库研究文献时间分布

资料来源：笔者整理所得。

（2）作者、发表机构及国别分布。对世界各国研究机构知识库的作者和机构及其国别情况进行分析后发现，机构知识库研究领域的高产作者、机构以及文章的区域分布，为评价作者、国家的学术影响力提供参考。

在机构知识库方面发表文章最多的作者是来自美国麦约医院的贝基斯坦和托马斯·H.（Berquist & Thomas H.），共发表相关文章 5 篇，他的研究方向是放射、核医学和医学成像。排名第二的是来自美国肯塔基大学的金·Y.（KIM. Y）和来自美国宾夕法尼亚州匹兹堡大学的帕尔瓦尔 A. V.（Parwani A. V.），分别发表相关文章 4 篇，其中金·Y. 的研究方向是计算机科学、信息科学与图书馆学，帕尔瓦尔 A. V. 的研究方向是实验医学和病理学。

通过图 2 - 5 我们可以看出，机构知识库领域发表文献最多的机构是美国的哈佛大学，共发表文献 17 篇，这 17 篇文献中，被引次数最多的达到 136 次。其次是美国的宾夕法尼亚联邦高等教育系统、佛罗里达州立大学系统、加利福尼亚大学系统和弗吉尼亚州波士顿医疗系统，分别发表文献 8 篇。另外，美国的马萨诸塞州总医院、美国国立卫生研究院、肯塔基大学、宾夕法尼亚大学、匹兹堡大学分别发表相关文献 7 篇。

图 2 - 6 显示了机构知识库研究文献作者国别分布，通过该图我们可以看出，美国在该领域发表文章最多，为 138 篇，英国次之，为 32 篇，接下来依次是西班牙（16 篇）、德国（15 篇）、加拿大（14 篇）、澳大利亚（12 篇）、印度（12 篇）、意大利（11 篇）。另外，中国在该领域发文 4 篇，与爱尔兰和日本一样多，仍明显落后于其他国家。

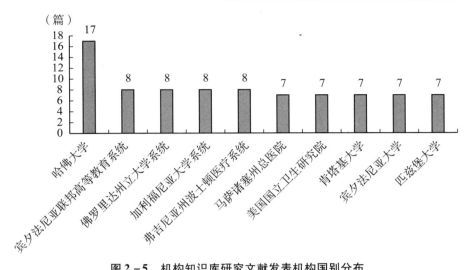

图 2 - 5　机构知识库研究文献发表机构国别分布

资料来源：笔者整理所得。

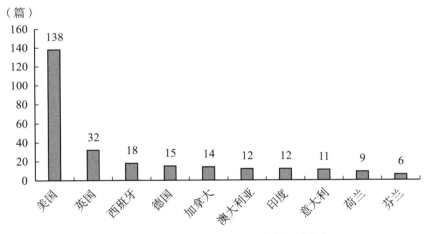

图 2 - 6　机构知识库研究文献作者国别分布

资料来源：笔者整理所得。

　　发表文献排名前三的学者、排名前 10 位的机构都来自美国，而且文献数量发表最多的国家也是美国，这说明美国在机构知识库这一研究领域有很强的实力，是该领域的领头者。

　　（3）文献研究方向分析。我们对文献研究方向进行分析统计，发现对机构知识库研究最多的方向是信息科学图书馆学，共 92 篇，占总数量的 33.455%。其次是计算机科学信息技术，共 76 篇，占总数量的 27.636%。排在第三位的是计算机科学跨学科应用，共 29 篇，占总数量的 10.545%。另外，医学方面的文献也很多，有外科手术、医学内科学、放射科核医学医学影像学、卫生保健科学服务、医学信息学等多个分类，文献数量从 10 ~ 20 篇不等。另外还有多学科科学类别的文献 10 篇，如图 2 - 7 所示。由此我们可以看出，机构知识库的应用领域很广阔，虽然文献大多集中于信息科学图书馆学、计算机科学方面，但也逐渐在向医学、社会科学等相关领域扩展。

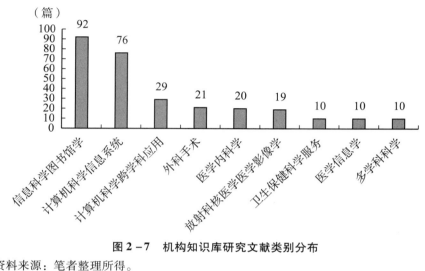

图 2 - 7   机构知识库研究文献类别分布
资料来源：笔者整理所得。

另外，通过对这 275 篇文章进行分析，我们看到机构知识库的国外学者在知识管理和利用、知识服务、科学交流、科技评价和知识产权政策等领域做了比较多的研究。

（4）语言分布。我们对这 275 篇文章的语种进行分析，发现有 273 篇是以英语发表的，剩下的 2 篇是以西班牙语发表的。这说明在国际上，英语依然还是公认的科研通用语言、国际学术语言。中国专家在该方面发表的论文只有 4 篇，重要的原因之一就在于缺乏语言优势。

2.1.3   主要研究内容

经过深层次分析目前已发表的关于机构知识库（IR）的文章，我们发现国外 IR 的研究主要集中在以下几个方面。

1. 机构知识库的软件平台、内容存储及建设研究

在机构知识库的软件平台、内容存储及建设研究方面，专家们的研究侧重点

不一样。

　　在机构知识库的软件平台研究方面，有以下专家做了详细研究：B. 萨特拉德哈（B. Sutradhar）论述了印度理工学院利用开源软件建设机构知识库的过程；安东尼·科乔洛（Anthony Cocciolo）对是否采用 Web 2.0 的两个机构知识库进行了比较，发现 Web 2.0 的使用可以有效促进机构内部科研人员参与机构知识库建设的积极性；刘速（Shu Liu）等对 Digitool 系统进行了研究，认为该系统功能完善，可作为机构建设 IR 的系统平台；萨丽卡·莎万特（Sarika Sawant）对印度国内 IR 建设的系统和软件通过网络问卷进行了调查分析，总结出了其 IR 建设的特点；朱莉·蒙多克斯（Julie Mondoux）等对加拿大高校机构知识库的用户界面特点和所使用的知识组织系统进行了调查，发现知识组织系统在机构知识库的建设中使用的较少，导致机构知识库的搜索和浏览功能不够强大，因此需要修改机构知识库的用户界面以强化学术资源的浏览和检索功能。

　　在机构知识库的内容存储研究方面，研究内容主要包括：智贤·金（Jihyun Kim）研究了在机构知识库的使用中机构科研人员提交科研成果的具体动机，从而分析出只有足够的信任才能促使科研人员愿意并主动将自己的科研成果及信息提交到本机构的知识库中去，因此机构知识库的建设重点之一就是解决信息资源的版权问题，同时加强对系统平台的管理和数据的备份，切实做到确保成果的长期保存和版权管理的安全，消除科研人员提交成果的后顾之忧；罗纳德·C. 詹茨（Ronald C. Jantz）等研究了不同专业和领域的科研人员对机构知识库的使用情况，认真分析各专业对机构知识库建设的不同需求，得出机构知识库系统平台的多方位的服务和更新可以满足不同领域科研人员的需求，强化了机构知识库建设的重要性；海伦·霍克克斯－于（Helen Hockx－Yu）探讨了机构知识库的建设中数字资源的保存问题；马库斯·伍斯特（Markus Wust）研究分析了教师在教学科研中搜索所需科研资源的途径及他们对开放获取的认识和看法，发现没有同行评议和影响因子是教师不主动将自己的科研成果存储到机构知识库实现开放获取的主要原因；托马什·纽格鲍尔（Tomasz Neugebauer）等描述了采用开源软件 EPrints 的机构知识库，存储便携式文件格式（PDF）和论文元数据的流程以及相关策略；玛丽·皮兰（Mary Piorun）等研究指出，机构知识库可以寻求专业合作即与高校图书馆联合，将机构知识库中的资源数字化，并对数字化过程中存在的诸如数据化流程、政策、版权许可、资金来源等问题进行了分析。

　　在机构知识库的建设研究方面，理查德·琼斯（Richard Jones）认为，目前机构知识库的基础建设工作已经成熟，建设数量和质量都有了很大提高，而且已广泛开展。下一步的建设重点是机构知识库的互操作性，指出互操作性直接影响到机构知识库进一步、深层次的发展，并就机构知识库下一步发展的相关问题进行了论述。

2. 机构知识库的功能研究

机构知识库的功能及拓展直接影响到机构知识库的发展，杰克·卡尔森（Jake Carlson）等认真研究了美国普渡大学机构知识库，论述了机构知识库的建设意义及对科研人员的重要性，也阐述了机构知识库的扩展功能。保罗·罗伊斯特（Paul Royster）认为，对于未出版的资源成果，机构知识库可以作为其原始的存放地，他认为机构知识库是学术出版的首选方式，未来的发展趋势是取代传统的出版模式，机构知识库拥有更好的、快速节约的出版、传播优势。斯蒂芬·阿苏卡（Stephen Asunka）等利用扎根理论程序和对记录、内容进行分析的方法对机构知识库的使用情况进行了研究，发现科研人员对机构知识库的使用越来越多，而 item-tagging 项目显示，多数科研人员将机构知识库作为学术交流、提高自身科研水平的平台。琼加布里诶尔·班迪尔（Jean – Gabriel Bankier）等认为除了用于资源存储，机构知识库也可以成为机构学者储存其本人学术信息和资料、展示和公布其原创学术成果的平台。克里斯托弗·W.诺兰（Christopher W. Nolan）等人对文科高校图书馆机构知识库的发展状况进行研究，分析了机构知识库的资源类型、存储内容、所使用的软件平台和存储政策，认为这些高校机构知识库的主要用途仅停留在展示本校学生作品和本科生毕业论文上。贝利卡·戴利（Rebecca Daly）等认为机构知识库由于具有较好的展示和传播功能，因此可作为自出版平台，并介绍了 Digtal Commons 即由 Bepress 公司出品的机构知识库和期刊出版平台，认为它可以作为一种出版工具。

3. 机构知识库的评价研究

学者们针对机构知识库评价展开的研究，主要集中在对自存档的评价上，有代表性的是夏景峰等的文章认为在自存档中对内容材料的检测最为重要，是机构知识库自存档评价的重要因素，尤其是学者自存储的资源和文献全文的可获得性。他选取了四个学科分别在七个不同机构的知识库中查询其自存档情况，包括自存文献的存储量、访问量和元数据情况，进行评价后发现自存储与所选学科关系不大，强制政策和联络制度的内容直接影响学者自存档的积极性，好的政策制度有利于自存档率的提高；同时为了证实自存档与学科之间的关系，他们以物理学家的科研成果为例，分别检索了这些成果在主题库和机构知识库的存档情况，最终得出自存档率不受学科影响。

对机构知识库的评价不仅有自存档评价，还有其他许多评价如可操作性评价。如金贤喜（Hyun Hee Kim）等对各机构所建设的机构知识库是否具有可操作性、如何提高可操作性进行了分析，并对机构知识库可操作性的评价体系提出了具体的意见；玛丽·威斯特尔（Mary Westell）结合加拿大机构知识库的使用情况，针对与研究机构相结合的机构知识库的运行情况总结出了评价一个机构知识库的建设是否成功的标准。

4. 机构知识库的个案分析和主要项目的研究

针对机构知识库的个案分析和项目研究文献较多，研究的侧重点各不相同。

（1）对印度 IR 的个案研究。印度机构知识库的建设在亚洲领先，其科研院所的 IR 建设较好，具有代表性。M. 克里斯纳姆塞（M. Krishnamurthy）等阐述了印度 IR 的建设情况，指出印度 IR 建设的机构主要集中在科研院所；K. T. 安拉达（K. T. Anuradha）阐述了印度科学研究所 IR 的建设过程，并就其整个系统的运行情况进行了分析；N. 艾索克·库马尔（N. Ashok Kumar）对印度机构知识库进行了全面分析，着重介绍了 IR 所采用的技术平台、软件类型、服务范围等。另外瑞卡·米塔尔（Rekha Mittal）等以印度的数字图书馆和机构知识库为例，对其系统软件和运行情况进行了分析评估，发现这些数字图书馆和机构知识库的软件是定制的，不能适应机构自身的特色，其收藏的文献资源非常有限，很难满足机构发展的需要。

（2）对其他国家 IR 的个案研究。歌雅特瑞（Gayatri）博士对艾哈迈德 Icfai 商学院建设的试点 IR 进行了分析，着重论述了影响机构知识库建立的重要因素，包括机构现状和发展前景；舒里夫斯（Shreeves）研究认为目前对 IR 的功能和作用及其对学术界的影响还没有形成统一的共识，由于机构知识库的主动存缴率低，自存档率远远达不到要求，使机构知识库很难实现长期存储机构学术资源的目标。通过实例说明许多机构知识库的建设成为了没有支持、没有发展、没有充分利用的孤立无援的项目。雷·德瓦科斯（Rea Devakos）介绍了加拿大多伦多大学 IR 的建设情况，并采用定性分析法对其建设过程及遇到的问题进行了深入分析；费列什泰赫·阿夫沙尔（Fereshteh Afshari）等研究了英国伦敦帝国学院 IR 的建设历程，认为 IR 的建设发展，需要许多部门的通力合作、统一部署，才能确保机构知识库能够全方位服务、综合发展；基诺尔·P.（Genoni P.）研究了 IR 建设中文献内容提交与收集问题，认为需要制定一定的政策和采用一些策略来实现对学术文献的完美收集，同时对所收集文献的资源类型提出了自己的看法；乔安娜·巴威克（Joanna Barwick）重点研究了卢森堡大学 IR 的建设，并对其建设过程中所遇到的问题和挑战进行了分析总结。认为 IR 建设发展的阻力是不可避免的，应积极面对；苏珊娜·多巴莱特（Susanne Dobratz）等对德国机构知识库进行了研究，认为此机构库是经 DINI 证书认可的，可作为开放获取的一种途径进行了解；阿布里扎（Abrizah）等重点研究亚洲地区高校 IR 的建设，分析了各 IR 制定的政策和采用的软件技术及运行中遇到的问题，同时，对 IR 所收集的文献类型、涉的学科等问题也进行了探讨；劳·D. G（Law D G.）探讨了数字出版中版权的所有权问题，认为目前建设的机构知识库尤其高校 IR 在版权政策的制定上都不完善，容易产生纠纷，影响 IR 的发展；玛丽·库尔特（Mary Kurtz）先阐述了都柏林核心技术，指出此技术是用来标识电子资源的简要目录模式，之后对利用此技术并采用 DSpace 软件建设的高校机构知识库进行了分析。

（3）对 IR 项目的研究。国外对 IR 项目研究的文献较多，如凯瑟琳·希勒（Kathleen Shearer）主要对 IR 项目 CRAL 的建设和运行情况进行了分析，并研究了加拿大国内 IR 建设所遇到的问题和发展的瓶颈；阿瓦·C（Awre C.）对 FAIR 项目做了全面介绍，也阐述了 FAIR 的所有子项目的情况；宝林·辛普森（Pauline Simpson）等研究了 TARD 项目，并阐述了南开普敦大学如何利用该项目建设本校的机构知识库，指明 TARD 项目的建设模式对机构知识库的建设和可持续发展具有积极的推进作用；德莎·尹弗马斯（Desa Informasi）；戴尔·皮特（Dale Peters）等介绍了由欧盟资助的 DRIVER 项目。

2.2 国外机构知识库建设现状

自从 2002 年 DSpace 系统问世之后，世界范围内出现了大规模的机构知识库建设热潮。

目前，OpenDOAR、ROAR 和 DOAJ 三大平台构成了当前网络开放获取学术信息资源检索的主要平台，前二者主要针对机构知识库，而 DOAJ 则是针对开放期刊的。

开放存取知识库目录 OpenDOAR（Open Directory of Open Access Repositories），官网网址：http：//www. opendoar. org/，由英国的诺丁汉大学和瑞典的隆德大学图书馆在 OSI、Jisc、CURL、SPARC 等学术机构的资助下于 2005 年 2 月共同创建的开放存取机构资源库、学科资源库目录检索系统，也是全球收录资源最全面、最权威的开放存取知识库目录。OpenDOAR 是一个提供全球高品质开放获取信息资源库清单，它将全世界开放共享的研究成果以最方便优质的方式呈现出来，供广大专家学者用户学习参考。用户可以通过机构名称、国别、学科主题、资料类型等途径检索和使用这些知识库。因此，本书选取 OpenDOAR 网站开展调查研究，用以分析国内外机构知识库的研究建设情况。OpenDOAR 网站首页如图 2-8 所示。

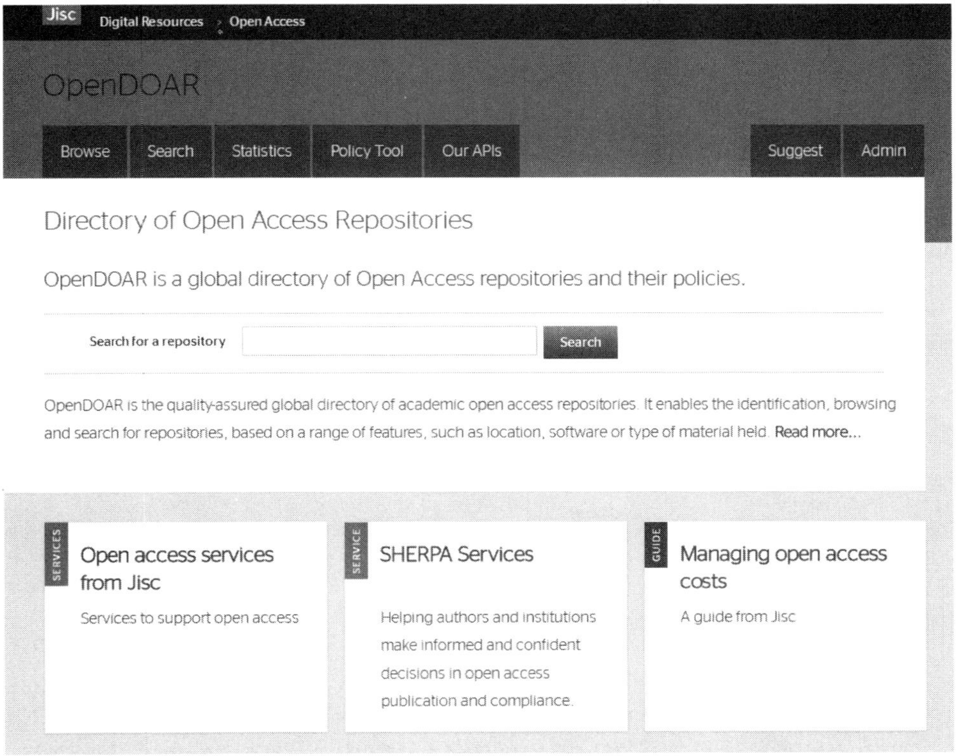

图 2 － 8　OpenDOAR 官网首页

资料来源：OpenDOAR 官网。

　　作为开放获取机构知识库的注册网站：开放获取知识库注册系统 ROAR（Registry of Open Access Repositories），官网网址：http：//roar. eprints. org/，由英国南安普敦大学主办并维护的，收录全世界的开放获取存储库的信息，是供科研人员获取机构知识库资源的重要网站，科研人员可通过国籍、资源类型、采用软件类型等来浏览所需要的机构知识库资源。为便于科研人员的检索，提高检索效率，网站还设置了快速检索的功能。ROAR 官网首页，如图 2 － 9 所示。

　　截止到 2007 年 3 月，OpenDOAR 中收录的 IR 数只有 853 个。截止到 2012 年 11 月，OpenDOAR 中收录的 IR 数量是 2230 个，ROAR 中注册收录的 IR 数量是 2994 个。截止到 2019 年 2 月 11 日，OpenDOAR 上显示收录的 IR 数量已增长到 3859 个，发展速度很快。ROAR 中收录的 IR 数量也则达到了 4735 个。

图 2 – 9 ROAR 网站首页

资料来源：http：//roar. eprints. org/。

图 2 – 10 所示的是 OpenDOAR 中所收集的机构知识库从 2005 年 12 月至 2019 年 2 月的数量增长趋势。从 2005 年 12 月的 88 个逐渐增长到 2019 年 2 月的 3859 个，增速比较平稳。

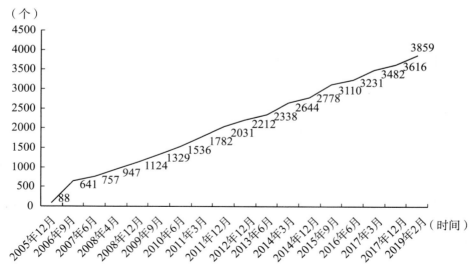

图 2 – 10 OpenDOAR 中机构知识库数量增长

资料来源：笔者整理所得。

图 2 - 11 所示是截止到 2019 年 2 月 11 日在 OpenDOAR 中收录的机构知识库
在世界各国和地区中的分布。美国和欧洲是世界机构知识库建设方面的领跑者，
从图中我们可以看到，国外拥有机构知识库数量最多的是美国（542 个），其次
是英国（282 个）、德国（227 个）和日本（223 个）。中国（包括台湾、香港和
澳门地区）机构知识库的数量总合是 107 个。

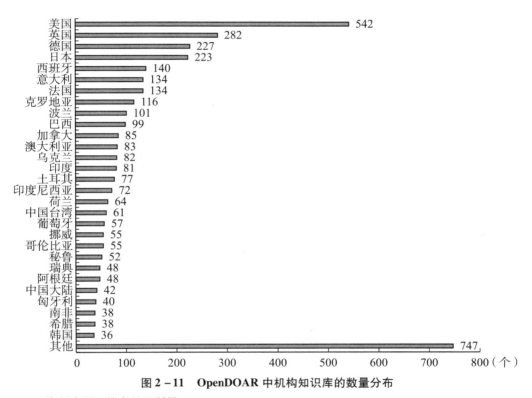

图 2 - 11　OpenDOAR 中机构知识库的数量分布

资料来源：笔者整理所得。

机构知识库在国外的发展如火如荼，其强大的科研信息管理功能使得大量的
高校、科研院所、研究机构甚至大型企业，都建有自己的机构知识库，因此，机
构知识库在数量上呈逐年增长的趋势。

图 2 - 12 是机构知识库在世界各大洲的数量分布。通过此图我们可以看出，
机构知识库数量最多的大洲是欧洲，达到了 1825 个，其次是美洲，也有 1033
个，亚洲数量居中，有 728 个，与欧美相比差距明显。最少的洲是大洋洲，只有
103 个。由此可见，各洲的机构知识库拥有数量差别比较明显。这主要与各大洲
的经济发展状况相关，也与各大洲的面积及国家的数量相关。如截止到 2018 年，

大洋洲的国家和地区只有 24 个，欧洲则有 46 个国家和地区，美洲有 54 个国家和地区，亚洲有 48 个国家和地区，非洲有 61 个国家和地区。

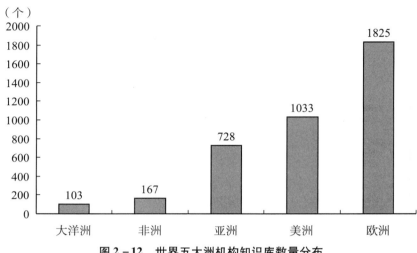

图 2 – 12　世界五大洲机构知识库数量分布

资料来源：笔者整理所得。

2.3　世界各国机构知识库发展历程及建设现状

2.3.1　美国机构知识库发展历程及建设现状

自机构知识库问世以来，已引起广泛关注，世界各国中，美国是起步最早且在机构知识库研究方面经验最为丰富的国家。

1. 机构知识库在美国的产生背景

20 世纪末，随着科学技术的日益发达，人类对科学研究愈发重视，科研成果产出量日渐增多，信息量激增。此时，"学术交流危机"和"学术期刊出版危机"在学术界出现，美国学术界也没有幸免。根据美国学术研究图书馆（Academic Research Library，ARL）的统计数据，1986 ~ 2000 年，学术期刊（包括科学、技术及医学类在内）价格增长幅度达到了 226%，而图书馆的购买经费只增长了 192%，导致图书馆所能购买的期刊种类缩减了 7%，期刊征订数量也随之减少，使学术交流受到严重影响。因此，美国学术界和图书馆界开始寻求各种解决方法来解决这次的危机。

为了促进科学研究成果的交流与共享，1991 年 8 月，在美国国家科学基金会和美国能源部的资助下，美国洛斯阿拉莫斯国家实验室来自康奈尔大学的物理学家保罗·金斯巴格（Paul Ginsparg）建立了电子预印本书献库 arXiv.org，对所有用户免费开放，为全世界的学者和研究人员提供了一个科学研究的开放机构知识库，为美国机构知识库的出现和发展开了一个很好的先例。

目前，arXiv.org 仍是一个非常流行的预印本书献库，物理学家、数学家和计算机科学家通常会将他们的论文草稿上传至该文献库，以便在同行评议前公开分享他们的研究发现。截止到 2019 年 2 月 9 日，该文献库已拥有包括物理、数学、计算机科学、定量生物学、量化金融、统计、电气工程与系统科学、经济学等 8 个方面近 150 万篇，其官网网址是：https：//arxiv.org/。

2. 机构知识库在美国的发展历程

21 世纪初，美国国会通过了公共获取科学法案（FRPAA 法案），在政府层面支持开放获取运动，拉开了建设机构知识库的序幕。随后，机构知识库迅速在美国社会各界引起广泛关注和重视。

2002 年，美国研究图书馆协会（Association of Research Libraries，ARL）、学术出版和学术资源联盟（Scholarly Publishing and Academic Resources Coalition，SPARC）和网络信息联盟（Coalition for Networked Information，CNI）共同成立机构知识库研讨会，专门从事机构知识库的理论与实际研究，研究内容包括机构知识库的支撑技术、资源管理、质量控制及成本控制等。美国政府也于 2004 年在国会众议院公共基金委员会上发表报告，表达对机构知识库发展的支持，很多期刊数据库出版商也通过不同措施来推动机构知识库的发展。例如，ProQuest 在 2004 年推出了具有商业性质的机构知识库 Digital Commonts。2006 年，美国博物馆及图书馆服务事业局启动了 MIRACLE 项目（Making Institutional Repositories a Collaborative Learning Environment Project），目的是构建机构知识库的协作学习环境。该项目通过问卷对美国机构知识库的建设情况进行了调研，形成了一份调查报告——《MIRACLE 项目的研究发现》。在调查结果中显示，美国当时有近 11%（48 家）的机构开始运行和使用机构知识库，有 15.7%（70 家）的机构正在积极计划并即将进行机构知识库建设，有超过 20%（90 家）的机构刚开始计划机构知识库建设，但仍有近 53%（236 家）的机构无 IR 建设计划；报告中还表示，根据美国高等教育机构卡内基分类表的（CCHE）分析，已经开始运行或计划运行机构知识库的机构多为研究性大学，大部分硕士或本科院校还没有建设机构知识库的计划。

在社会各方的推动和支持下，机构知识库在美国的发展非常迅速。Open-

DOAR 中收录的 2005～2019 年美国机构知识库增长趋势如图 2 - 13 所示。

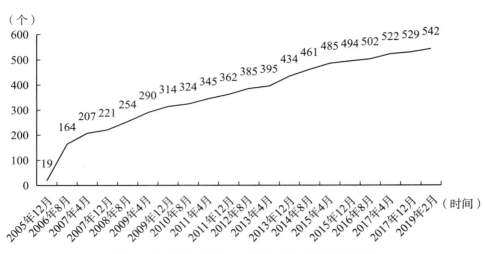

图 2 - 13　2005～2019 年美国机构知识库增长趋势

资料来源：笔者整理所得。

从图 2 - 13 我们可以看出。从 2005 年开始，美国机构知识库的数量就基本处于较快增长状态。自 2013 年之后机构知识库的数量增长速度相较之前有所减少，但总数量仍维持在一个较高的水平，且排名一直领先于世界上其他国界和地区，始终排在世界第一位。这说明经过之前十几年的发展，绝大多数机构知识库运行良好并保留下来，有一部分可能因为某些原因（如经费问题、发展模式问题等）无法继续运行或者进行了合并，但机构知识库整体的发展水平已趋向稳定和成熟。

理论研究方面，通过之前的统计数据我们可以知道，美国研究 OA 和机构知识库的文献数量在世界排名第一。

2.3.2　英国机构知识库发展历程及建设现状

英国也是世界上较早进行机构知识库研究和建设之一。前文中说过，Open-DOAR 就是由英国的诺丁汉大学和瑞典的隆德大学共同创建的。作为欧洲国家的典型代表，英国的政府部门、高校和各机构都对机构知识库的建设高度重视，并且在人力、物力、财力和政策上给予高度扶持和支援。因此，英国机构知识库的发展非常迅速。

理论研究方面，通过之前的研究我们可以知道，英国研究 OA 和机构知识库的文献数量仅次于美国，在世界排名第二。

在机构知识库的建设方面，英国的机构知识库数量也一直在迅速增长。具体如图 2 - 14 所示。

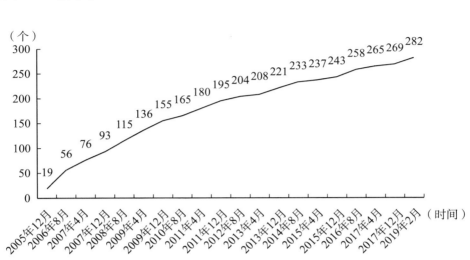

图 2 - 14　2005～2019 年英国机构知识库增长趋势

资料来源：笔者整理所得。

通过研究 OpenDOAR 的历年数据，我们可以得到，2005 年 12 月，英国拥有的机构知识库数量只有 19 个，2008 年 8 月，增长到 115 个，到了 2012 年 8 月，达到 204 个，而截止到 2019 年 2 月 11 日，英国机构知识库的数量已经达到 282 个。

2005～2012 年，英国机构知识库数量增长非常迅猛。主要原因在于，在这一时期，英国政府和各大高校对机构知识库的建设非常重视，陆续出台了一系列政策和措施来推进机构知识库的推广和建设。英国高教团体（the University Commitment）出台了在 2006 年 7 月底建立开放获取型高校机构知识库的目标。英国联合信息系统委员会（Joint Information Systems Committee，JISC）进行了机构知识库技术平台与组织架构的系统研究，目的是为了建设国家机构知识库。在该研究中，英国政府号召国内高校建立自己的机构知识库，并承诺将通过政策约束来确保机构知识库各类资源的长期保存。该研究同时还提出，有条件和需求的私企也应该建设自己的机构知识库。作为该项目的受益者，英国的赫尔大学（University of Hull）组织专业人才组建了存储库、研究了元数据的处理并设立了专门的管理项目，最终目的是建立一个标准、通用、灵活的工作流程管理工具，使用户能通过该工具实现与 Fedora 知识库平台进行交互，并自动生成元数据。

2012 年 8 月至今，英国机构知识库的数量增长趋于平缓，只增加了 78 个。因为在这个时期，英国各大高校和其他研究机构更加注重机构知识库整体质量和服务能力的提升。

2.3.3　日本机构知识库发展历程及建设现状

日本机构知识库的研究虽起步晚于欧美国家，但是其发展非常迅速，在亚洲国家中一直处于领先地位。

1. 日本机构知识库的产生背景

在日本，机构知识库的产生背景与美国比较类似：一是开放获取、资源共享的必要性。一方面，日本大学图书馆每年需要订购的杂志总量不断上升，但学术杂志价格却逐年增长，另一方面日本大学图书馆预算增长缓慢甚至有所削减，因此，开放获取和资源共享的呼声越来越高。二是政府层面对机构知识库的重视。2005 年 6 月，日本书部省学术审议会发表了《作为学术情报基础的大学图书馆等今后整备的方策》的中期报告，明确了大学图书馆中的机构知识库在传播学术信息资源中的重要性。

2. 日本机构知识库的发展历程

赤泽久弥在 2014 年的发表的文章《日本机构知识库的历史和现状》中，将日本机构知识库的发展历程分为以下三个阶段：

（1）草创期。时间从 20 世纪 90 年代末至 21 世纪初。20 世纪 90 年代末，电子期刊逐渐开始普及，日本国内高校纷纷将各自馆藏资料电子化并公开。2002 年公布的《关于充实学术信息流通基础的审议结果》中明确提到，大学图书馆应当在承担起对构筑电子期刊提供体制支援的同时，还应该起到向社会宣传各大学的学术信息的窗口作用。同年，千叶大学开始"学术机构知识库"构建项目，成为其他大学建设机构知识库的范例，也成为日本构建机构知识库的开端。2003 年，日本国立大学图书馆协会在报告书《电子图书馆新潮流》中指出，机构知识库的建设是电子图书馆的发展方向，并应作为其未来欲开展的业务。该报告还指出日本国立信息学研究所应与日本各高校共同规划机构知识库的建设，并负责宣传和推广在日本建设更多机构知识库的重担。

（2）发展期。时间从 2004 年至 2011 年左右。在这一时期，机构知识库的构建活动逐渐向公立和私立大学扩展，数量增长十分明显，由 2005 年 12 月的 1 个增长到 2011 年 12 月的 136 个，具体数量变化请看图 2 - 15。

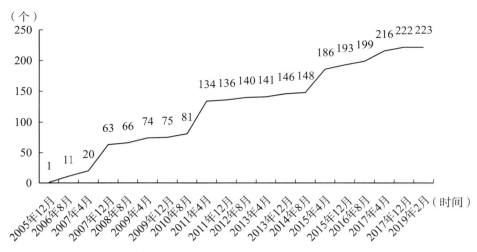

图 2 – 15　2005～2019 年日本机构知识库增长趋势

资料来源：笔者整理所得。

在此期间，首先，日本国立大学信息学研究所和国立大学率先在日本国内开展了"学术机构知识库构筑软件配备试验工程"，该项目主要研究建设机构知识库所必需的系统配备，经多方案运行后选择出适合各高校使用的平台系统，进行推广，并研究其在各高校的运行使用情况。从 2005 年开始经过 7 年的努力，该项目有效地推动了机构知识库在日本高校的大力发展。

其次，启动"学术机构知识库构建联合支援项目"即 CSI。该项目是日本继上述项目后的另一个建设机构知识库的重要项目，具有日本机构知识库发展原动力之美誉。CSI 从 2005～2012 年的 8 年间共通过公开招募的方式进行了三期，有 178 所机构被选中，日本机构知识库数量和收录内容因此得以迅速增长。日本政府在 2011 年主持的《第四届科学技术基本规划》中也指出日本要加快推进机构知识库的建设。

（3）展开期。时间阶段从 2012 年至今。2012 年正式启动由日本国立信息学研究所主持的共用知识库 JAIRO Cloud 项目（Japanese Institutional Repositories Online Cloud），这标志着日本机构知识库的建设工作开始展开。构建机构知识库对一个机构的资金、技术和经验的要求较高，因此，JAIRO Cloud 项目的设立旨在帮助那些难以独立承担构筑机构知识库独立运作的大学，为他们承担起博士论文公开平台的责任。

在此之前，日本的博士论文都是以纸质媒体的方式发行，并收藏在日本国立国会图书馆和学位授予大学中。2013 年，为了提高教学质量，促进科研成果的开放共享，日本书部科学省修改了本国的学位规则，并要求拥有博士论文的机构知识库实施开放存取，此规定加强了机构间的学术交流，丰富了机构知识库的资源类型，被认为是日本机构知识库建设过程中的进步标志。

日本的机构知识库数量在此期间增长也比较明显。截止到 2019 年 2 月 11 日，在 JAIRO Cloud 项目上记录的机构知识库数量是 498 个，在 OpenDOAR 上收录的日本机构知识库数量是 223 个。

如今，机构知识库在日本已逐渐普及，促进了日本学术信息的流通，在日本大学图书馆乃至日本社会中占据的地位越来越重要。

2.3.4　印度机构知识库发展历程及建设现状

印度的机构知识库建设在亚洲名列前茅，在世界排名也比较靠前。2005 年 9 月，来自中国、印度、巴西在内诸多发展中国家在巴西萨尔瓦多公开签订了推动机构知识库发展的开放获取宣言，表明发展中国家对开放获取运动的支持，明确提出政府在制定科技政策中将开放获取列为重要的议事日程。2006 年，印度总理在班加罗尔发表演说，鼓励推进开放存取运动在印度的发展。印度高校的建库状况也不差，但科研院所的表现明显好于高校。

OpenDOAR 网站中印度历年机构知识库数量分布如图 2 – 16 所示。2005 年 12 月，印度机构知识库只有 3 个，随后的 10 年间，数量直线上升，截止到 2019 年 2 月 11 日，在 OpenDOAR 中登记注册的印度机构知识库数量已经达到了 81 个。

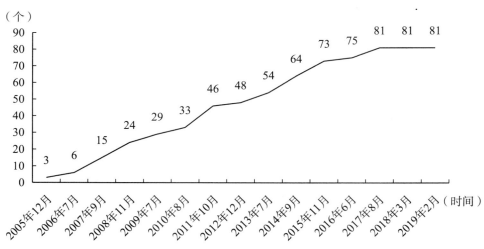

图 2 – 16　2005～2019 年印度机构知识库增长趋势

资料来源：笔者整理所得。

2.4　中国机构知识库研究及发展现状

在中国，开放存取观念的推广和机构知识库的建设起步都比较晚，因此机构知识库的发展建设和理论研究均落后于西方发达国家。但随着经济的发展，国内各界对机构知识库的关注度在持续升温，机构知识库发展建设速度加快，并已经成为行业发展新的增长点。

2.4.1　中国机构知识库理论研究现状

为研究国内对机构数据库的最新理论研究现状和研究历程，本书选择中国知网（CNKI），利用其分析工具快速分析自 2003 年以来中国机构知识库的相关文献并总结其研究趋势。

1. 为什么选择 CNKI？

最初知网的概念是由世界银行提出的，翻译为国家知识基础设施。而中国知网又称同方知网（China National Knowledge Infrastructure，CNKI），是指中国的国家知识基础设施，该工程 1999 年 6 月开始建设，是由清华大学和清华同方共同发起的信息化建设项目，其目的是实现全社会知识资源的传播共享与增值利用。

经过多年努力，CNKI 工程集团在清华大学的指导下，在党和国家各大部委的支持下，凭借自身与我国学术界、教育、出版界的密切合作，自主研发了国际领先、信息量名列前茅的数字图书馆技术平台即 CNKI 数据库。同时，CNKI 集团正式启动建设了《中国知识资源总库》和 CNKI 网络资源共享平台，通过多年的产业化运作，知网已经成为中国最好的知识传播与数字化学习平台之一，为社会知识资源的高效共享做出重大贡献。

中国知网具有众多优势，包括：优质的各类资源、全球领先的数字图书馆技术、专业的服务以及个性化的增值服务平台，因此，其在学术界享有极高的声誉和地位。经过多年努力，中国知网目前已经发展成为集期刊、会议论文、工具书、博士硕士论文、报纸、专利、各类标准、年鉴、国学、海外文献等各类资源为一体的、具有国际领先水平的网络出版平台。

因此，我们选择用 CNKI 对中国机构知识库理论研究现状进行分析统计。

2. CNKI 统计分析结果

我们在 CNKI 中以"机构知识库"为主题进行搜索，搜索时间段 2003 年至

2019 年 2 月 1 日，共搜到论文 1331 篇。接下来，我们对搜到的论文进行统计分析，具体分析结果如下。

（1）文章年度分布。每年具体发表的论文篇数看表 2 - 3。文献发表年度趋势分布如图 2 - 17 所示。

表 2 - 3　　　　　　　　　2003 ~ 2019 年每年发表相关论文数量

项目	2019 年	2018 年	2017 年	2016 年	2015 年	2014 年	2013 年	2012 年	2011 年
论文数	2	95	140	149	165	155	108	91	93
项目	2010 年	2009 年	2008 年	2007 年	2006 年	2005 年	2004 年	2003 年	
论文数	106	111	56	34	14	6	2	3	

注：2019 年数据截止日期为 2019 年 2 月 1 日。
资料来源：笔者整理所得。

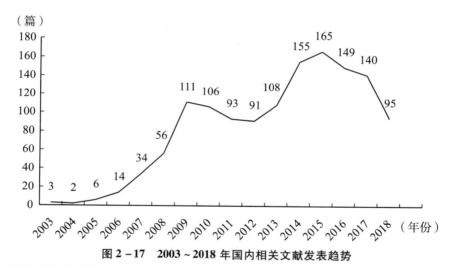

图 2 - 17　2003 ~ 2018 年国内相关文献发表趋势
资料来源：笔者整理所得。

由表 2 - 3 和图 2 - 17 我们可以看出，我国对机构知识库的研究始于 2003 年左右，在 2003 ~ 2006 年缓步增长，2006 ~ 2009 年之间增长速度加快，2009 ~ 2015 年又进入缓慢增长期，甚至 2010 ~ 2012 年 3 年间还出现了数量上的减少，不过在 2013 年又开始快速增长，在 2015 年达到顶峰，数量最高达到了 165 篇。2015 年至 2018 年间文献发表量又有所回落。但根据搜索结果我们可以看出，2018 年发表文献的下载量增加很多，如图 2 - 18 所示，证明研究机构知识库的人员依然较多。同时，根据 CNKI 的预计，2019 年相关文献发表量约为 122 篇。

（2）年度最热文章排行。我们将这 1331 篇文献按年度进行分类，按照被引频次对每年的文献进行排序，从中选取被引量年度排名第一、第二的文献，得到表 2 - 4，由此我们可以选出机构知识库每年的年度最热文章。

图 2 - 18 CNKI 文献搜索界面

资料来源：http://www.cnki.net/。

表 2 - 4　　　　　　　　　2003~2018 年知网被引次数最多论文情况

序号	发表年度	题名	作者	文章类型	来源	被引次数	下载次数
1	2004	图书馆 VS 机构库——图书馆战略发展的再思考	吴建中	期刊	中国图书馆学报	140	1271
2	2005	机构知识库：数字科研时代一种新的学术交流与知识共享方式	常唯	期刊	图书馆杂志	74	1193
3	2006	机构知识库的发展研究	柯平等	期刊	图书馆论坛	112	2174
4	2006	机构知识库：数字图书馆发展的新领域	赵继海	期刊	中国图书馆学报	109	1341
5	2007	机构知识库：开放获取的有效实现形式	李枫林	期刊	情报杂志	53	1042
6	2008	机构知识库的政策、功能和支撑机制分析	张晓林	期刊	图书情报工作	79	1862
7	2009	国内外开放获取的新发展	初景利	期刊	图书馆论坛	48	1690

序号	发表年度	题名	作者	文章类型	来源	被引次数	下载次数
8	2009	机构知识库联盟发展现状及关键问题分析	曾苏等	期刊	图书情报工作	48	1056
9	2010	国内外机构知识库建设现状比较研究	万文娟	期刊	国家图书馆学刊	30	1082
10	2011	高校科学数据组织与服务初探	钱鹏	期刊	情报理论与实践	42	952
11	2012	机构知识库内容保存与传播权利管理	张晓林	期刊	中国图书馆学报	46	1417
12	2012	高校科学数据管理研究	钱鹏	博士	南京大学	38	4154
13	2013	CALIS 机构知识库：建设与推广、反思与展望	聂华	期刊	中国图书馆学报	93	3294
14	2014	机构知识库的发展趋势与挑战	张晓林	期刊	现代图书情报科技	60	2209
15	2015	Altmetrics 指标在机构知识库中的应用研究	邱均平	期刊	图书情报工作	46	1440
16	2016	国内外知识库研究现状述评与比较	张斌	期刊	图书情报知识	29	2130
17	2017	国内外机构知识库建设现状及建议	朱立禄	期刊	现代情报	28	2529
18	2018	强制性开放获取政策背景下高职院校图书馆服务创新研究	汤妙吉	期刊	图书馆工作与研究	4	175

资料来源：笔者整理所得。

　　进行年度最热文章分析，可以使我们找到研究学者们对机构知识库每年的关注点，对我们了解机构知识库的研究热点和方向有一定作用。我们看到，国内学者的研究关注点主要集中在机构知识库的发展和建设等方面，具体包括：开放获取及机构知识库的基础理论研究、机构知识库的服务内容建设、机构知识库联盟的建设、机构知识库的未来发展趋势等。

　　（3）关键词共现分析。本书对这 1331 篇文献按照年限进行关键词共现分析，选取频数超过 10 的关键词。因 2005～2008 年时间较久远，且每年文献较少，因此我们将其一起进行分析。2009 年后年度相关文献较多，因此按照年度进行分析。据此，我们得到高频关键词及其数量如表 2 - 5 所示：

表 2 - 5　　　　　　　　　　2005 ~ 2018 年关键词共现情况

年份	文献数	总参考数	总被引数	总下载量	关键词	频次
2005 ~ 2008	110	1699	1986	66747	知识库建设	58
					开放存取/开放获取	51
					知识库	42
					学术交流	27
					知识库系统	13
					交流模式	12
					预印本	12
					学术资源	12
					知识库管理系统	11
					机构仓储	10
2009	111	1309	910	39900	知识库建设	55
					开放存取/开放获取	59
					机构库	41
					机构仓储	24
					学术交流	12
					交流模式	10
					高校图书馆	11
2010	106	1209	732	38384	知识库建设	61
					开放存取/开放获取	50
					机构库	39
					机构仓储	27
2011	93	1043	624	31540	知识库建设	46
					开放存取/开放获取	39
					机构库	27
					机构仓储	22
					高校图书馆	10

续表

年份	文献数	总参考数	总被引数	总下载量	关键词	频次
2012	91	1156	537	31306	知识库建设	48
					开放存取/开放获取	33
					机构库	28
					机构仓储	16
					学术资源	13
2013	108	1397	699	42481	知识库建设	55
					开放存取/开放获取	33
					机构库	33
					机构仓储	24
					高校图书馆	10
2014	155	2092	796	53671	知识库建设	81
					开放存取/开放获取	51
					机构库	45
					高校图书馆	15
					研究成果	13
					科研成果	12
					学术交流	11
					科研人员	11
2015	165	2461	798	50139	知识库建设	83
					开放存取/开放获取	55
					机构库	39
					学术交流	21
					高校图书馆	16
					会议论文	12
					科研论文	10

年份	文献数	总参考数	总被引数	总下载量	关键词	频次
2016	149	2331	410	36254	知识库建设	71
					开放存取/开放获取	44
					机构库	31
					高校图书馆	17
					学术交流	12
					科研人员	11
					科研成果	11
					知识库系统	10
2017	140	3179	274	31254	知识库建设	63
					开放存取/开放获取	40
					机构库	27
					学术交流	18
					高校图书馆	14
					科研成果	12
					用户需求	11
2018	95	1606	40	15790	知识库建设	45
					开放存取/开放获取	39
					机构库	16
					高校图书馆	16
					学术交流	12
					科研成果	12

资料来源：笔者整理所得。

由表 2-5 所示我们可以看出，从 2005~2018 年 14 年间，我国学者对机构知识库理论研究内容比较集中，主要集中在机构知识库建设和开放获取/开放获取这两方面，且研究的机构知识库类型以高校图书馆机构知识库为主。科研人员、学术交流、科研成果、科研论文等关键词的频繁出现在一定程度上表明机构知识库在科研人员的学术交流中起到了很强的作用，方便了学者们存储和交流科研成果和科研论文的行为，表明机构知识库越来越受到学者们的重视。

3. 理论研究内容

早在 2004 年论文《图书馆 VS 机构库——图书馆战略发展的再思考》是我国第一篇对机构知识库进行研究的文献，此文献的作者是吴建中教授，他认为机构库是"一个新生事物"，它的出现"得益于上述几乎全部研发成果"，"在学术交流体系改革的诸要素中扮演着关键的角色"，并认为"机构库应该成为图书馆的一个组成部分"。吴教授的研究拉开了中国图书馆界探讨机构知识库的序幕。此后，研究机构知识库的文献越来越多。

2005 年，中国科学院研究生院的常唯博士发表相关文献，他认为 IR 是一个机构中所有科研人员智力产出的集合，是对以正式出版物为主的传统学术交流体系的补充。他在文中详细描述了 IR 的特点和含义，分析了 IR 在数字科研环境下的重要作用，认为 IR 能促进学术交流和知识共享，同时还研究了数字科研环境下机构知识库的构建问题，并介绍了一些当时典型的机构知识库构建工具。

2006 年，东北师范大学的郭淑艳在其硕士论文中介绍了开放存取的含义并对 IR 进行了深入探讨和研究，她认为机构知识库将成为未来学术研究领域不能缺少的基础设施，而且国家、地区间机构知识库的合作将会越来越多。南开大学的柯平、王颖洁对机构知识库的发展进行了研究，讨论了 IR 在建设发展中所遇到的各类问题，认为 IR 的建设具有重大意义，对机构、个体、学术界乃至社会都有一定益处，认为国内应该对机构知识库的建设和研究重视起来。

2007 年，国家图书馆参考咨询部的翟建雄从版权角度介绍了作者、机构库和科研资助机构三类主体，对开放文档提交保存和发布问题上的不同立场和政策及有关版权协议内容做了分析。中国科学院国家科学图书馆兰州分馆的洪梅和马建霞，探讨了机构知识库在机制建设中面临的问题和挑战，认为必须用机制来保证机构知识库的建设和运营成功。

2008 年，中国科学院国家科学图书馆的张晓林对机构知识库的政策、支撑分析机制和功能作了详细介绍。吉林大学的邓君提出了机构知识库发展的四个运行机制，应用 IDEFO 模型原理构建了机构知识库运行机制总体模型，并全面分析了国内机构知识库建设所面临的问题，对我国机构知识库的构建提出了具有针对性和可操作型的建议和对策。

2009 年，中国科学院国家科学馆兰州分馆的曾苏等阐述了 IR 联盟的概念和意义，介绍了国内外 IR 联盟的发展情况，分析了 IR 联盟在发展过程中容易出现的关键问题。

2010 年，广西师范大学图书馆的万文娟等对国内外机构知识库的建设情况进行了比较研究，建议我国机构知识库今后应加强内容建设，发挥图书馆的主导作用，推动构建机构知识库联盟，并争取国家层面的政策支持；北华大学的孙振良探讨了高校机构知识库在建设过程中存在的建设主体、建设内容及资源可用性问题，指出了国内高校目前在开放获取理念发展中存在的具体问题并提出了相应的策略；邓君着重介绍了 IR 的建设模式，指出 IR 建设模式分为自主和联盟两种模式。联盟模式又分为分布采集模式和集中存储模式。肖可以根据国内外 IR 的构建实际，指出国内高校 IR 的构建及发展中所面临的实际问题，并提出了较好的解决办法。

2011 年，乔欢、陈雨杏、赵莉娜等人对国内外机构知识库的建设情况进行介绍和分析，他们认为内容建设是国内外机构知识库建设发展的重要瓶颈之一，依据实例归纳总结了国内外 IR 内容建设的情况，对其建设中所面临的资源种类、资源收集量及策略、全文量和质量控制等问题进行了阐述。

2012 年，中国科学院国家科学图书馆的张晓林在其论文中提出：管理知识成果的依据是法律、规章制度和机构政策，提出了要对知识成果使用进行许可的具体框架，同时提出了权力责任框架和对各方利益进行平衡的具体策略，以及以此为基础的最佳政策返利和权益管理机制；南京大学的钱鹏在其博士论文中，以高校科学数据管理作为研究对象，通过详细探讨高校科学数据的管理模式，构建了基于高校机构知识库的科学数据管理模式。

2013 年，北京大学图书馆的聂华在其文章中对"三期机构知识库建设及推广项目"（CALIS）进行了详细描述，介绍了该项目建设的具体情况，并对该项目的建设情况进行了反思和展望，为 CALIS 项目将来的发展和其他机构知识库的构建提供了依据。李明鑫、田丹对影响中国 IR 发展的因素进行了分析总结，认为制约国内 IR 发展的关键问题是政策问题，一旦缺少政策的支持，机构很难建立机构知识库，也很难将机构知识库长久地运转下去；苑世芬以国内近 50 个 IR 为例，从数据存取模式的角度对 IR 进行了研究，总结出我国 IR 发展的瓶颈，他根据所选 IR 的建设情况将 IR 分成了三个不同层次，最终得出结论并推荐构建复合型存储模式的 IR。

2014 年，张晓林在其发表的文献中，对机构知识库基于当前的环境进行详细分析，提出了机构知识库的未来发展趋势和服务功能，认为机构知识库将来的发展方向是成为知识服务的平台；赤泽久弥和李霞对日本机构知识库的发展过程进行了研究和分析，以京都大学为例，对京都大学 IR 的建设和运作实践进行了研究和分析，为我国 IR 的建设发展提供了依据；田丽君、张静鹏对芬兰 Doria 和 Theseus 联盟 IR 进行了研究，具体是认真分析了其构建和服务模式及系统运行策略，为中国 IR 联盟的建设和发展提供了宝贵的经验；刘雅静等深入分析了如何高效收集和使用机构知识库中的数据。通过分析中科院软件研究所 IR（ISCAS –

IR）用户的使用需求，总结制定出 IR 为科研服务的具体方案，为机构知识库拓展服务功能，更好地为科研服务奠定了基础。

2015 年，武汉大学的邱均平在其文章中，总结了国内机构知识库的建设情况并对现有评价指标进行了研究，并提出了用于机构知识库评价的 Altmetrics 指标，他认为传统的评价指标可以跟 Altmetrics 指标相互补充，在机构知识库的实际应用中具有良好的发展前景；许燕、曾建勋通过分析现有机构知识库的具体功能，认为目前机构知识库的现实功能有所不足，进而提出将 IR 和科研管理相结合的机构知识库建设方案，认为各大机构应将科研管理流程融入机构知识库的构建中去，通过强制上交、利益保护等政策进行支持，在机构知识库系统中增加查重、查新功能，并进行相应机制建设如绩效评价机制、分类管理机制、分级共享机制、知识产权保护机制等，以确保将科研管理融入机构知识库中，实现机构知识库对科研的全面支持，为科技人员创新提供服务。

2016 年，中山大学的曹树金等，对图书情报领域的机构知识库进行可聚合性分析，提出了机构知识库的聚合策略。上海大学的赵洁等，对高校机构知识库的学术评价功能进行研究，提出了机构知识库学术评价功能框架图，建议高校选择最适合本校机构知识库的评价指标和平台来实现学校机构库学术评价成果的集成共享；南京大学的邵波等，以高校机构知识库作为研究主体，探讨了基于联盟的高校机构知识库的构建，为国内机构知识库联盟平台的构建提供借鉴。

2017 年，中国科学院长春光学精密机械与物理研究所的朱立禄在其文章中，通过调查分析国内外很多知名机构知识库的建设现状，指出我国高校在 IR 构建中面临的具体问题并提出了相应的对策。

2018 年，山东理工大学的苏庆收等，对我国机构知识库的开放获取政策进行调查，分析了当前政策的不足，对我国机构知识库开放获取政策体系的制定和实施提出了建议。兰州大学的刘艳民等，对人工"查收查引"服务的关键流程和细节问题进行调研，提出机构知识库扩展查收查引功能的必要性，开发了基于机构知识库 CSpace 系统的查收查引功能。广东培正学院的陈化琴对高校机构知识库的著作权模式进行了分析，建议中国各高校采取延伸性集体授权模式来解决高校机构知识库的著作权授权问题。

2019 年，澳门大学图书馆的吴建中在其文献中提出了"超越开放获取"和"下一代机构知识库"的理论，认为开放获取是一个文化问题，在其推进过程中出现了很多问题，"超越开放获取"可以从根本上解决学术传播体系问题，建立可持续性全球型知识共享空间，"下一代机构知识库"是未来机构知识库发展的一种趋势。

通过对之前发表的我国理论研究文献进行统计和分析，可以发现目前机构知

识库的研究热点主要包括:

(1) 机构知识库的建设和应用研究。当前,我国各大高校正在积极发展和建设自己的机构知识库,对于世界各国有代表性的机构知识库建设发展情况进行分析,对我国机构知识库的建设具有很强的指导意义。目前,机构知识库的建设和应用研究包括:对国内外已有的机构知识库的建设应用现状进行调研,总结他们的优缺点,找出他们在构建和运行中遇到的各种问题并提出具体的解决方案。

(2) 开放获取/开放存取理论研究。开放获取是近年来发展迅速的一种新学术传播机制,2003 年的柏林宣言提出:开放获取的对象是经科学界认可的人类知识和文化遗产的综合性信息资源,包括科研数据、成果和资源材料等,如元数据、学术成果、资料、图片和图像材料、多媒体资源等。具体含义指某文献在公共网络领域里可被免费获取,允许所有用户查阅、复制、下载、传递、打印、检索、超级链接该文献,并为之建立索引用作软件的输入数据及其他合法的用途。

机构知识库是开放获取的实现方式之一。机构知识库在此方面的基础理论研究主要集中在对开放获取的推广和相关政策的研究方面。目前已经有人开始研究"超越开放获取"理论,希望能够建立"全球性知识共享空间",允许所有的学者都参与进来,使学术资源能够发挥更大的作用,从而推动全球科研和创新的发展,进而构建"下一代机构知识库"。

(3) 机构知识库的建设软件研究。机构知识库具体功能的实现离不开建库软件的支持,该方面研究主要包括:机构知识库建库软件的介绍、软件应用案例分析、不同建库软件的比较、对开源软件的二次开发利用、商业软件和开源软件的优缺点分析等。

(4) 机构知识库在知识管理和服务方面的应用研究。知识管理是知识经济时代涌现出来的一种最新的管理思想与方法,是近年来的热门研究领域之一,在 IR 的建设实践中也起到了很重要的作用。在机构知识库中引入知识管理和知识服务,将使机构知识库的功能更加强大,对机构知识库的推广和建设有很大的推动作用。

(5) 机构知识库的服务内容建设研究。在 IR 的建设过程中服务内容、质量的提高和拓展也是机构知识库研究的重点,它包括机构知识库在建设与服务过程中形成的拓展服务。例如,服务新内容包括科研管理、自定义搜索、统计分析等。

(6) 机构知识库的政策研究。该方面研究主要包括:IR 构建中相关政策的制定、相关的法律规范及权益保障等的制定及运行情况。具体包含 IR 内容的存缴和传播政策及其实施的监督和检查、文献资源权益管理的政策机制、资源内容的存缴、激励及发布政策等。

通过对中外 IR 建设的研究进行综合比较，我们得出：由于国外的机构知识库发展建设较成熟、建设水平较高，因此国外对 IR 的研究多建立在实证研究的基础之上，研究手段主要是对实际建设案例进行分析，发现问题解决问题并提出意见建议；此外，因为国外 IR 的建设有许多专项资金的介入和政府的支持，因此国外 IR 的研究也有对这些项目的成果和策略进行的分析和总结。我国目前机构知识库的建设推广效果不好，发展水平也低，因此国内的研究多集中在初级的理论分析上，建设案例分析较少，在介绍国外机构知识库的研究时也只停留在简单地叙述上，缺乏深入分析，也没有深层次的对比分析影响我国机构知识库建设与发展的根本原因。

2.4.2　中国机构知识库建设现状及分析

在实践探索方面，我国第一个真正意义上的机构库是 2004 年建立的香港中文大学学术文库。2005 年 7 月在武汉大学举办的"中国大学图书馆馆长论坛"中，北京大学等 50 余所高等院校的图书馆馆长讨论并发表了《图书馆合作与信息资源共享武汉宣言》，提出"构建一批特色学术机构库"的建议，拉开了我国机构知识库建设的帷幕。

经过十几年的发展，我国机构知识库的数量不断增加。在 OpenDOAR 上截止到 2019 年 2 月 11 日，我国被收录的注册机构知识库数量共计 107 个（其中包括香港地区 4 个、台湾地区 61 个），排在世界第 9 位，亚洲第 2 位。其中中国内地（大陆）机构知识库数量增长变化如图 2 - 19 所示。

根据图 2 - 19，我们将中国内地（大陆）IR 的发展建设分为以下三个阶段。

（1）起步阶段（2005 年 12 月至 2011 年 4 月）。2005 年 9 月，包括北京大学、哈尔滨工业大学、浙江大学、复旦大学在内的 40 多所国内一流大学的图书馆代表在武汉大学召开关于信息开放共享的大型学术交流会议，倡议将建设和开放一批具有特色的学术机构知识库，开启了我国机构知识库建设的开端。厦门大学图书馆 2006 年率先建立了厦门大学学术典藏库，成为我国建设的第一个机构知识库（香港、澳门、台湾地区除外）。

（2）快速增长阶段（2011 年 4 月至 2013 年 12 月）。为促进我国机构知识库的发展，2011 年 8 月，由北京大学图书馆、清华大学图书馆、重庆大学图书馆等五个示范馆联合建设的"CALIS 三期机构知识库建设及推广"项目正式启动。目的是就中国高校机构知识库的建设进行全方位的尝试和实践，力争找到一个适合我国高校发展的机构知识库建设和运行机制，从而最终建立"分散部署、集中揭示"的中国高校机构知识库。

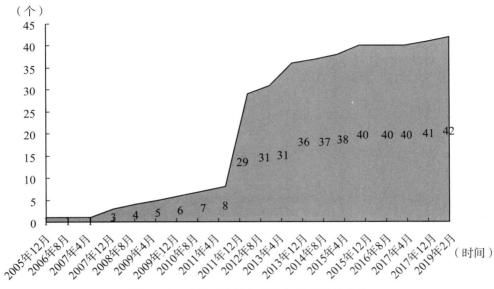

图 2 – 19　内地（大陆）机构知识库数量变化

资料来源：笔者整理所得。

2012 年 10 月，首届"中国开放获取推介周"召开之际，国内有关单位发起成立了中国 IR 推进工作组（China IR Implementation Group），在国家科学图书馆设立了工作组和秘书组，并指定工作组的共同召集单位是北大图书馆和国家科学图书馆。其成员单位包括：清华大学图书馆、国家科学图书馆、北京大学图书馆、厦门大学图书馆、上海交通大学图书馆、解放军医学图书馆、中国科技信息研究所、中国地质图书馆、中国社会科学院文献信息中心、中国农业科学院农业信息研究所、中国医学科学院医学信息研究所、中国科学院高能物理研究所信息中心、中国科学院力学研究所信息网络中心、中国科学院武汉水生生物所图书馆。

因此，在这一期间，中国机构知识库数量增长非常迅速。2011 年 4 月，中国在 OpenDOAR 注册登记的机构知识库只有 8 个，到了年底猛然增长到 29 个，2013 年 12 月又增长到 36 个。

（3）缓慢增长期（2013 年 12 月至今）。在 5 年多的时间里，中国机构知识库的数量只增长了 6 个，增长非常缓慢。当然这并不能说明中国不再关注 IR 的发展，相反各界对 IR 的发展依然重视。2013 年 10 月，中国机构知识库推进工作组举办了首届"中国机构知识库学术研讨会",之后每年10月举办一次,现已成功举办了六届。学术研讨会的召开推动了相关研究的开展,机构知识库目前依然是图书情报界的研究热点。

在我国的诸多机构知识库中,学科分类多样化程度较高。其中,多学科研究类机构知识库有16个,技术综述方面的机构知识库有10个,生态环境方面的机构知识库有9个,物理学和天文学方面的机构知识库有9个,化学与化学技术方面的机构知识库有7个,科学综述、生物学和生物化学方面的机构知识库各有6个,除此之外,我国的机构知识库在农学、美学、医学、法律政策、计算机、机械工程和材料等不同的学科上也都均有涉及。具体情况如图2-20所示。

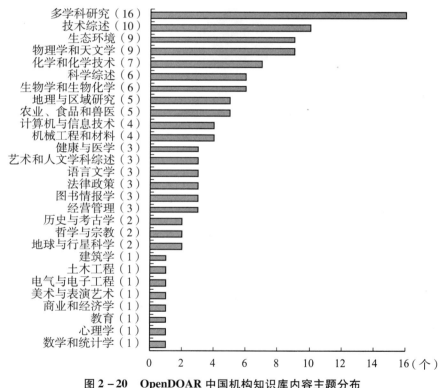

图2-20 OpenDOAR 中国机构知识库内容主题分布

资料来源:笔者整理所得。

实际上,我国机构知识库的数量远不止42个,但是由于 OpenDOAR 是国外机构建立的英文网站,而中国的机构知识库基本都是以中文为基础语言搭建的,很多并没有被 OpenDOAR 发现和统计。稍后的章节中我们会详细介绍国内的机构知识库建设具体情况。

第 3 章

机构知识库建设软件

目前，机构知识库的建设软件主要分为三大类：一是开源软件，如 DSpace、Hydra、Fedora、Zentity、EPrints、Islanora、Weka 等；二是商业软件，如由公司 Documentum、Bepress、UMI/ProQuest 共同研制的 DigitalCommons、由 Innovative 公司研制的 DRM、由 BioMed 中心研制的 Open Repository 和由 DimeMa 公司研制的 CONTENT dm 等；三是机构自行研发的软件。

3.1 开源软件

开源软件（open-source software，OSS）是一个新名词，它的定义是：源代码可以被公众免费使用的软件，开源软件的使用、修改和分发不受许可证的限制。

使用开源软件的好处很多，主要有以下几点。

（1）成本低。成本优势是选择开源软件最重要的优势，机构知识库的建设费用是有预算的，尤其是在中国，机构知识库的建设资金量有限且来源比较单一，使用开源软件可以节省大量的费用，节省下来的开支可以用于其他地方，如机构知识库的后期维护、高级人才的引进等方面，从而大幅提高机构知识库的持续发展能力和服务能力。

（2）灵活性。一般开源软件都能定制和修改源代码，操作灵活性较强，同时它不存在授权问题和侵权问题，使用过程中不会遇到诸如许可、激活、升级等令人头疼的问题。

（3）自由。自由是开源软件的一大优势。使用商业软件，其前期的接洽、建设和后期的维护等过程时间很长，会使得机构对商业软件公司产生一定的依赖感，有可能会被动接受不需要的一些功能，软件公司经营状况的变化对机构知识库的建设质量和后期维护水平影响较大。而开源软件则一般不需要注意这些问题，因为开源软件一般会有一个开发者社区，且其持续时间会很长，出现问题一般可以在社区寻找到解决方案。

鉴于开源软件的这些优势，它已经成为机构知识库建设中最常使用的软件，世界各大机构在知识库的建设中使用的基本都是开源软件。

根据 OpenDOAR 的统计数据，世界各机构知识库所使用的开源软件状况如图 3-1 所示。由图可知，当前机构知识库中应用最广泛的开源软件是 DSpace，其次是 EPrints，使用这两种开源软件的机构知识库数量分别是 1641 个和 496 个，分别占总数量的 43% 和 13%，使用率之和达到 56%。除此之外，实用率超过 1% 的有 Islandora、Weka、Opus、dLibra、HAL、CONTENT dm 和 Fedora 等 7 种，这 7 种软件的使用率总合为 15%。事实上，根据统计，在 OpenDOAR 平台上共有开源软件超过 150 种，除以上 9 种软件使用较多外，很多软件可能只有少数机构知识库在使用。这说明机构知识库可选用的成熟软件系统虽很多，但是各机构独自开发机构知识库软件的兴趣也很高。

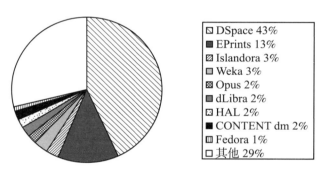

图 3-1　世界各国机构知识库开源软件使用状况

资料来源：笔者整理所得。

3.1.1　DSpace 系统

DSpace 功能齐全、安装简单且易于定制，因此在机构知识库的建设领域得到了广泛的应用。从图 3-1 我们也可以得出，目前世界各国有 43% 的机构知识库是基于 DSpace 构建的。尤其是在亚洲国家和地区中，有 55% 的机构知识库是基于 DSpace 构建的。其中中国的 42 个机构知识库里有 36 个是基于 DSpace 构建的（不包括台湾和香港地区），占比达 86%，中国台湾有 95% 的机构知识库是基于 DSpace 构建的，印度的比例是 57%，日本稍低些，也达到了 32%，如图 3-2 至图 3-6 所示。

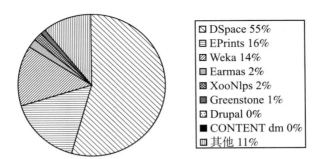

图 3 - 2　亚洲各国机构知识库开源软件使用状况

资料来源：笔者整理所得。

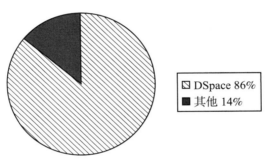

图 3 - 3　中国机构知识库开源软件使用状况（不含台湾和香港地区）

资料来源：笔者整理所得。

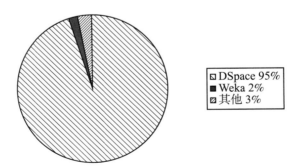

图 3 - 4　中国台湾地区机构知识库开源软件使用状况

资料来源：笔者整理所得。

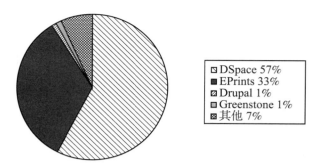

图 3 - 5 印度机构知识库开源软件使用状况

资料来源：笔者整理所得。

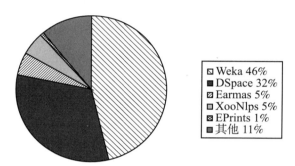

图 3 - 6 日本机构知识库开源软件使用状况

资料来源：笔者整理所得。

接下来，我们对 DSpace 系统进行详细介绍。

1. DSpace 系统简介

作为一个常用的软件系统，DSpace 是一个专门的数字资产管理系统，是遵循 BSD 协议的开放源代码数字存储系统。其设计目标是用于内容的管理发布。由美国麻省理工学院图书馆（MIT Libraries）和美国惠普公司实验室（Hewlett - Packard Labs）合作开发并于 2002 年 10 月开始投入使用。

DSpace 系统是一个开放源代码的软件平台，该软件任何人都可在其网站上免费下载，并可根据需要对此软件进行移动、修改、拷贝和使用。它使用的第三方软件也是开放源代码，如 Apache、JDK、Postgre SQL 等。DSpace 的主要代码均由 Java 语言编写，可运行于所有的 UNIX 系统。此外，DSpace 提供了支持 API 接口的内置程序，可简化和加速数字馆藏的开发，基本上不需要触动其核心的代码就可以方便地修改它。

2. DSpace 功能简介

DSpace 系统的功能齐全、灵活可变，对任何数字格式和层次结构的永久标识符研究数据都可以实现收集、索引、存储和重新发布，可以发布和管理由数字文件或"位流"组成的数字条目，并允许创建、索引和搜索相关的元数据以便定位和存取该条目，用于长期存储和管理教育及科研机构的各种数字化资源。DSpace 还支持各种数字格式的存储，如计算机程序、书籍、学习对象、数据库、文档、多媒体出版物、虚拟和仿真模型等。对于印刷型文献，DSpace 还保留了扩展数据格式的接口，可通过元数据进行存储管理并利用 URL 和馆藏地点来区分文献服务的方式。

DSpace 系统拥有位存储（bit preservation）和功能存储（functional preservation）两种存储模式。位存储功能可保证所提交的数字材料在多年后每一位（bit）都可以保持原样，且可在无任何改变的情况下进行复原。功能存储指所存储的数字材料可随着时间的变化和技术的进步相应地改变其格式，以确保所存储的数据资源不会因其格式的落后而被淘汰，格式能"与时俱进"确保资源随时被使用。因此可以得出，功能存储是更理想的、灵活多变、与时俱进的存储模式，但其需要的技术复杂、水平更高因此离不开足够的经费支持。当然，对于经费充足的机构，在使用 DSpace 系统时会被建议对数字资源即选择位存储也选择功能存储，目的是在将来可以找到最合适的格式来呈现原来的数据。

3. DSpace 的工作机制

在了解 DSpace 的工作机制前，我们先来介绍一个名词：数字空间群（DSpace communite）：数字空间是针对数字材料的长期保存而设计的。数字材料来源于不同的组群，如大学的院系、实验室、图书馆等，这些依据不同的授权完成不同任务的组群称作数字空间群。

DSpace 系统中拥有大量的数字空间群，每个数字空间群都拥有"提交者""审核者"等角色，这些角色会组成角色群（即电子工作组）。一般情况下，机构知识库的工作人员均被设定为"提交者"，其中还有人被设定为"审核者"，"终审者"则指机构知识库的负责人。

DSpace 系统是以事件触发机制来进行具体运作的。在系统运行中出现的如谁可以存储资料，如何存储，谁可以利用这些资料，谁负责管理等具体问题在可定制的管理策略下完全由事件触发机制来解决。对系统的任何请求如提交资料、检索文献均会触发不同的工作流，并传输到相应的"任务池（Task pool）"，后经工作人员的审核、元数据编辑和终审等环节最终进入 DSpace 系统。而工作流每一步涉及的电子工作组，都会依据角色不同而得到不同的指令，这样相应的电子用户就可以进入其个人数字空间（Individual DSpace）来完成各自的任务。

4. DSpace 的优缺点

作为全球使用最广泛的机构知识库开源软件，DSpace 有以下优点：

第一，使用成本低。DSpace 是一款免费的开源软件。

第二，DSpace 可以根据使用者的使用习惯定制，并且容易对系统进行修改和功能扩展。

DSpace 内置了多个支持 API 接口的程序，这些程序可有效加速并简化数字馆藏的开发，从而确保了用户根据自身需求对系统进行修改或扩展系统功能。而且因 Java 虚拟机是由部分嵌入的 Java 代码和 HTML 组成，因此在修改 DSpace 系统的时候非常简便，其核心代码基本上不用动。

第三，DSpace 软件拥有全球范围内最多的用户和开发人员；

第四，DSpace 系统具有强大的检索功能。

DSpace 系统的重要特色就是为用户的使用提供更多、更便利、更快捷的检索帮助。DSpace 系统为索引和检索模型设置了一个 API 接口，使用户不仅能够在指定范围内进行检索，还能更方便地对新内容进行索引，也可以对索引进行重建。此 API 接口是由免费的 Java 搜索引擎——Lucene 提供的。而 Lucene 作为一个全文检索引擎的架构，提供了完整的查询引擎和索引引擎，简单但功能却很强大。

第五，DSpace 系统拥有简洁、友好的用户界面。

所有 DSpace 系统的用户界面都是基于 Web 的，且用户界面多种多样，如系统管理界面、资源提交界面、文献搜索界面及用于工作人员对提交的资源进行审核的界面等。由于系统应用了 Java 的服务器和虚拟机技术，使用户可以通过浏览器直接访问 DSpace 系统，极大地方便和简化了 DSpace 的使用和管理。

第六，DSpace 系统的兼容性很强。DSpace 系统可安装到 Linux、Mac OS 或 Win OS 等多个系统平台中，并支持几乎所有类型文件格式的存储和搜索。同时还可存储、管理和发布任何已经和未经出版的本地馆藏资源，保证印刷和数字资源的统一定位及索引。

　　因此利用 DSpace 系统开发的机构知识库可以满足教育方面、政府方面、个人及商业机构方面的不同业务需要。

　　DSpace 系统的缺点。如，若需要对其扩展功能进行较复杂的修改，就需要对其核心组件进行修改，这就会影响到系统兼容性及数据库结构；而且 DSpace 系统不支持原始内容的创建，但可以以工作流的方式捕获任何支持主动文档开放协议（Open Archives Initiative）的数字资源和元数据。

5. DSpace 软件系统的架构

　　DSpace 主系统分为存储层、业务逻辑层和应用层三层。每层均由系列组件构成，其具体体系架构如图 3 - 7 所示。

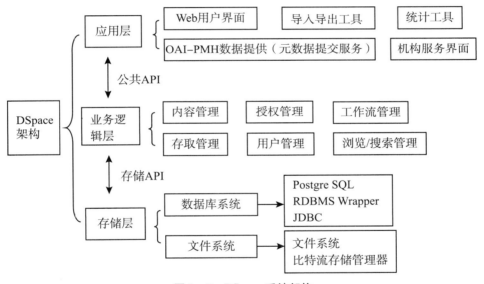

图 3 - 7　DSpace 系统架构

　　资料来源：狄冬梅. 基于 DSpace 的机构知识库系统的研究与实现［D］. 内蒙古大学硕士论文，2008。

　　存储层是 DSpace 系统的基础层，位于系统的最底层，是数据的提供者，其主要功能是对信息对象进行存储，为上层的业务逻辑层和应用层提供数据支持。存储层主要由数据库系统和文件系统两部分组成。其中数据库系统中主要用来存储元数据，包括关系型数据库 Postgre SQL 和关系型数据库管理系统（Relational Database Management System，RDBMS）Wrapper（Java 的包装类），以及 java 数据库连接（Java Data Base Connectivity，JDBC）三部分。文件系统则包括文件系统和比特流存储管理器，通过该系统 DSpace 可以对任意格式的数字资源进行保存。

业务逻辑层是整个系统的核心，负责实现系统的具体功能，如授权管理、用户管理、存取管理、内容管理、搜索/浏览管理及工作流管理等。业务逻辑层的各个组件的功能是通过 Java 编写的公共应用程序编程接口（Application Programming Interface，API）来调用实现的。

应用层位于系统的最上层，是系统与用户的接口，是用户能直接感受到的一层。它包括了一些基本服务功能，例如数据资源的上传和下载、界面的浏览等功能。

DSpace 系统经过多年的改进和优化，三个系统模块的功能越来越齐全，它遵循 BSD 协议，用户可自由使用和修改，同时可以实现定制化服务。因此，DSpace 系统具备很高的可扩展性，故而其在高校机构知识库的构建中是使用最多的一种，其用户遍布全球。

6. DSpace 系统在机构知识库中的应用——厦门大学学术典藏库

DSpace 开源软件是目前国内图书馆和科研机构使用最为广泛的机构知识库开源软件。在中国，国家图书馆建设的"图书馆情报学开放文库"就是基于开源软件 DSpace 建立的。除此之外，国外采用该软件的有美国的麻省理工学院、英国的剑桥大学等；我国的北京大学、香港科技大学、清华大学、台湾大学等均构建了基于 DSpace 的机构知识库系统。

现在，我们简单介绍一下 DSpace 系统在厦门大学机构典藏库中的具体应用。

图 3 - 8 所示为厦门大学机构典藏库首页，通过网站最左下方的标识我们可以看出，该网站是使用 DSpace 软件构建的。通过网站首页我们可以看出，网站界面非常简洁，符合 DSpace 软件界面简洁友好的特点。

在首页右上角，我们可以看到，网站有中文和英文两种浏览方式，以方便中外学者使用。右边就是登录界面，方便用户登录。登录界面下方即为搜索选项，便于用户搜索需要的文献资料。搜索选项下方为浏览方式选项，用户可以通过文献的发布日期、作者、提名和主题四种方式寻找需要的资料。

网站左上方醒目位置为版权声明，正中央则是社群列表选项，包括最近提交、学院、研究所、专集四个选项，用户可以选择浏览自己需要的选项。

厦门大学学术典藏库的建设情况我们在后面案例分析中有详细的介绍。

图 3 – 8　厦门大学机构典藏库网站首页

资料来源：https：//dspace. xmu. edu. cn/。

3.1.2　Fedora 系统

1. Fedora 系统简介

Fedora 系统即 Flexible Extensible Digital Object Repository Architecture 系统最初是由美国国防高级研究项目署和美国国家科学基金会与 1997 年共同资助的一

个关于符合数字对象模型的研究项目。他提出由结构内核（Structural kernel）和功能分发层（Disseminator layer）来共同组成一个复合数字对象，从而将数据和对数据的操作分离。

康奈尔大学于 1998 年在此模型框架的基础上建立了基于 CORBA 的原型系统，因为 Fedora 模型框架灵活且可扩展，因此得到了众多研究机构的广泛关注。2001 年，康奈尔大学和弗吉尼亚大学图书馆基于 Fedora 数字对象和仓储框架共同研发了第一个数字对象仓储管理系统，并于 2003 年发布了开源软件系统 Fedora。

Fedora 系统的核心是知识库体系和数字对象，其特点是灵活性较强且有一定的可扩展性，因此该系统特适合用来建立功能全面的数字图书馆或知识库。

（1）数字对象。指 Fedora 知识库中所存储的数字内容。通过数据流数字对象将文本、图像、视频、元数据及其他形式的多媒体数据和对这些数据的操作封装起来。

每个 Fedora 数字对象都包含的要素即数字对象层次如图 3 - 9 所示。

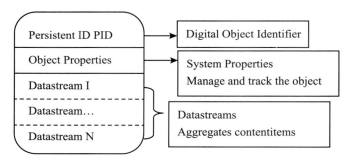

图 3 - 9　Fedora 数字对象层次

资料来源：王颖洁. 机构知识库建库软件 DSpace、EPrints、Fedora 的比较分析［J］. 图书馆学刊，2018（4）：133 - 137。

Persistent ID/PID 即数字对象唯一标识符，是一个数字对象的唯一持久标示，在命名空间内可唯一地引用该数字对象。

对象特性，是系统所定义的一系列描述性特性，用于管理和追踪 Fedora 知识库中的数字对象。

数据流，指数字对象所包含的内容款目。每个数字对象均可包含一个或多个数据流。数据流的内容可以是元数据或数据本身。如果是元数据，可以是各种格式；如果是数据本身，可以是文本、图像、音频或视频数据。每个数字对象都有一个默认的 Dublin 核心元数据数据流。

分发器，是数字对象内部的一种结构，对应一种分布数字对象内容的方式。

每个数字对象即可没有分发器也可包含多个分发器，其作用是为数字对象内容的分发提供不同的方式。

依据 Fedora 的数字对象在系统中的不同工作方式，将其分成数据对象、行为定义对象和行为机制对象三种不同的类型。

数字对象即包括数字内容、表示数字内容的元数据又包括分发数字内容的软件工具。每个数据对象都代表系统所收藏的一个数字内容实体，这些实体可以是图片、书、电子文本或出版物。

行为定义对象和行为机制对象都属于专用对象，行为定义对象用来描述数据对象的服务定义，行为机制对象则用来描述约定性服务的具体实现机制。

（2）体系结构。Fedora 的系统体系分为三层：存储层、Web 服务层和逻辑应用层。

存储层主要是保存数字对象和对数据进行读、写、删除等操作，还通过支持 HTTP 与 FTP 协议访问分布式资源。存储层还管理缓存分布和实时请求的数据。

Web 服务层提供管理 Web 服务、获取与搜索 Web 服务和 OAI - PMH 提供者服务。其中管理 Web 服务主要负责数字对象的标识、接收、创建、维护、输出和删除；获取与搜索 Web 服务主要负责数字对象的搜索查询与分发；OAI - PMH 提供者服务主要提供符合 OAI 规定的 DC 元数据记录。

逻辑应用层负责实施 Fedora 数字对象模型的所有功能，包含管理子系统、安全子系统与访问子系统。管理子系统负责管理数字对象的操作、对象的完整性校验和 PID 的生成；安全子系统实现系统用户和知识库的安全策略；访问子系统实现数字对象的传播和数字对象行为的映射。

2. Fedora 系统在机构知识库中的应用——牛津大学研究档案馆

牛津大学，英文全称 University of Oxford，简写为 Oxford，网址：http：//www. ox. ac. uk/，位于英国牛津，是全球著名研究型大学，与剑桥大学并称"牛剑"。在 2018 年《泰晤士高等教育》颁布的世界大学声誉排名中，牛津大学位列世界第 5 名。

牛津大学研究档案馆机构知识库是基于 Fedora 系统构建的，网址：https：//ora. ox. ac. uk/，其首页如图 3 - 10 所示。

牛津大学研究档案馆机构知识库始建于 2007 年，截止到 2019 年 5 月 4 日，网站共有元数据 209674 条，内容类型包括期刊文章、会议和研讨会论文、论文和学位论文、未发表的报告和工作论文、书籍等。

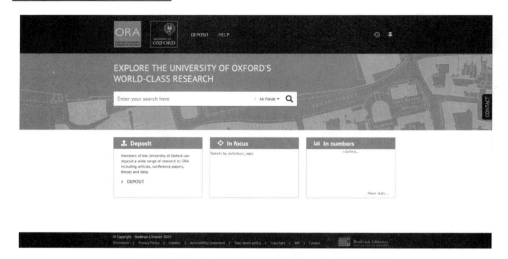

图 3 – 10　牛津大学研究档案馆机构知识库网站首页

资料来源：http：//www. ox. ac. uk/。

3.1.3　EPrints 系统

1. EPrints 系统简介

EPrints，2000 年 6 月由英国的南安普顿大学研发的一款开源软件，可用于存储研究论文、图像、科研数据、音频视频等所有数字格式的文件。

不同于 DSpace，EPrints 是用 Perl 语言编写的，并使用 Apache 和 MySQL 作为其网络服务和存储管理的软件。它遵循 OAI – PHM 2.0 协议，具有很强的灵活性，用户可以根据自己的需求对其进行修改。同时，EPrints 还能够自动安装，可以用一种或者多种格式对数字对象进行存储，并支持多种元数据方案，能够自动检查数据的完整性，可以基于 Web 进行系统维护，并可通过网页提交、订阅和点评资源。因此，EPrints 开源软件在机构知识库构建软件使用数量排行中排在第二位，世界上在 OpenDOAR 中登记注册的机构知识库中有约 13% 的是使用 EPrints 构建的。例如：西班牙的 E – LIS 项目、荷兰的特温特大学、澳大利亚的昆士兰大学等。

EPrints 系统包括四个区域，分别是：用户工作区、编辑/提交缓冲区、存储区和删除区。其中用户工作区是指对用户还没准备好提交或正在编辑的数据资料进行存储的区域；编辑/提交缓冲区用于存储等待批准审核的数据资料；存储区用于存储已审核通过的数据资料，这些数据资料可以发布，也可以被检索和使用；删除区则用于存储被"逻辑删除"的数据资料，所谓删除，只是从发布区移走而已，并未物理删除，还被保存在 EPrints 的数据库中。

2. EPrints 系统在机构知识库中的应用——苏黎世联邦理工学院机构知识库

EPrints 系统的使用率也很高，在印度，有 33% 的机构知识库是基于该系统构建的。在瑞士，有 25% 的机构知识库是基于 EPrints 系统构建的。其中，著名的苏黎世联邦理工学院，其机构知识库也是基于 EPrints 系统构建的。

苏黎世联邦理工学院，又名瑞士联邦理工学院，德语名 Eidgenössische Technische Hochschule Zürich，简称 ETH Zürich，英文名 Swiss Federal Institute of Technology Zurich，坐落于瑞士苏黎世，是享誉全球的世界顶尖研究型大学，连续多年位居欧洲大陆高校翘首，享有"欧陆第一名校"的美誉。在 2016 年夸夸雷利·西蒙兹公司（Quacquarelli Symonds，QS）世界大学综合排名中位列世界第 9 位，2017 年 QS 世界大学综合排名世界第 8 位；2018 年 QS 世界大学综合排名世界第 10 位；2019 年 QS 世界大学综合排名世界第 7 位。

该校目前共有来自 120 个国家的学生 2 万多名，教授 500 多名，工作人员 9000 多名。苏黎世联邦理工学院还以其极高的教学淘汰率及极低的录取率闻名，其录取率只有不到 10%。

在学院的校友、教授和研究人员中，共有包括爱因斯坦在内的 32 位诺贝尔奖得主。现今仍有很多获奖者在教学科研第一线，该校还是国际研究型大学联盟、IDEA 联盟等国际高校合作组织的成员。苏黎世联邦理工学院网站首页如图 3-11 所示。

苏黎世联邦理工学院机构知识库于 2001 年 8 月开始建设，其主要建设目标是向学院全体成员提供一种传统出版业之外的可选择的出版平台，能够通过网络出版相关的研究产出和教育成果，在该机构知识库中出版的全部文档都将被集中记录和管理，并按照国际标准进入学院的图书馆目录并进行检索。

苏黎世联邦理工学院机构知识库（http：//www.zora.uzh.ch/）的内容自建库开始一直在稳步增长中，从 2002 年的 2000 多条一直增长到 2019 年的 11 万多条，其内容分别按照主题、作者、组织机构、文档类型和年代进行分类，而且其组织机构中包括了学院所有的院系、研究中心及实验室。具体情况如图 3-12 所示。

图 3 – 11　苏黎世联邦理工学院网站首页

资料来源：https：//www. ethz. ch/de. html。

图 3 – 12　苏黎世联邦理工学院机构知识库网站首页

资料来源：http：//www. zora. uzh. ch/。

3.1.4　Islandora 系统

1. 系统简介

该系统是由爱德华王子岛大学于 2006 年开始开发的，其开发初衷是建设一个具有强大数字资源管理功能的系统平台，目的是解决科学研究中所面临的科研成果数字资源量大、种类繁多而不利于管理的问题，并同时解决在数据管理和利用中所面临的其他难题，例如：隐私权、安全性、数据存储、数据加工、数据所有权和完整性。Islandora 开源社区建立于 2010 年，是在加拿大大西洋地区商机局投资 240 万美元后建立的，并在同一年成立了 Discovery Garden 公司，目的是对 Islandora 系统提供有偿服务。

Islandora 是在 Drupal、Fedora、Solr 等开源软件的基础上开发的。Islandora 系统主要分为三层，其底层使用 Fedora 存储系统来存储数字资源；中间层使用 Islandora 模块负责上层与底层间的相互通信；上层是由 Drupal 开源软件提供的界面，用于实现显示和管理功能，具体情况如图 3-13 所示。

Drupal 软件是用 PHP 语言开发的开源内容管理框架（CMF），由内容管理系统（CMS）和 PHP 开发框架（Framework）共同构成。Drupal 连续多年荣获全球最佳 CMS 大奖，是基于 PHP 语言最著名的 Web 应用程序，它由主题、模块、内核三部分组成。能够个性化设置网站内容和表现形式，能够很容易地实现功能扩展。

Fedora 系统能够查询和保存不同类型的数字资源，并支持数字资源之间的关联描述，还能够通过配备的各种接口实现对外的开放服务。它在对底层数字资源的存储功能上具有较强的优势，优于 Drupal 软件。这也是为什么 Islandora 系统采用 Fedora 作为存储层来存储数字资源的原因所在。

作为中间层 Islandora 能够以 Drupal 模块的形式嵌入到 Drupal 系统中，能够从 Fedora 存储系统中提取数字资源，并负责在 Drupal 页面上进行显示。如果使用者更新了自己的操作，Islandora 还可以将此更新存储到 Fedora 中。同时，Islandora 还可以集成包括 ABBYY OCR 引擎在内的多个开源软件。可以为各种类型的数字资源提供不同的解决方案包。例如，音频文件在网页中使用 JWPlayer 来播放，Basic Image Solution Pack 支持自动生成图片缩略图。

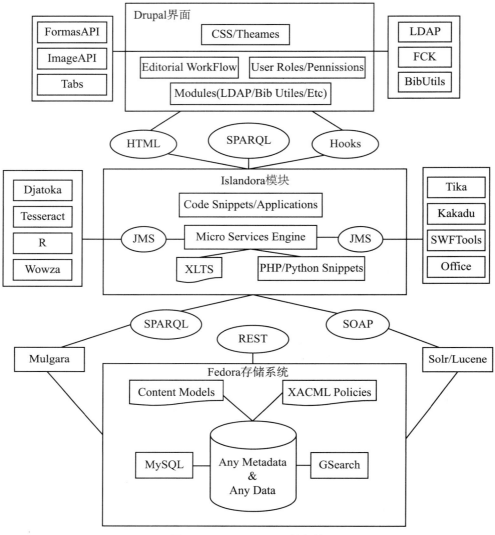

图 3 – 13　Islandora 系统架构

资料来源：张旺强，祝忠明，卢利农．几种典型新型开源机构知识库软件的比较分析 [J]．现代图书情报技术，2014（2）：17 – 23。

2. Islandora 系统的应用——托莱多大学数字存储库

托莱多大学，英文名 The University of Toledo，简称 UT，是美国的一所著名的公立综合型大学，位于俄亥俄州托莱多市，有六个校区，其中主校区曾被评为美国最美的 20 座大学校园之一。UT 下设 10 个学院，其中法学院是全美最早获得美国律师协会认可的 35 个学院之一，其工程研究在全美名列第 18 位。

托莱多大学数字存储库就是使用 Islandora 构建的，其具体网址：https：// utdr. utoledo. edu/，首页如图 3 - 14 所示。

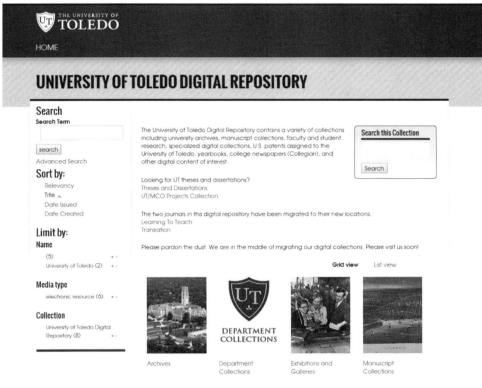

图 3 - 14　托莱多大学数字存储库网站首页

资料来源：https：//utdr. utoledo. edu/。

3.1.5　Weka 系统

1. 系统简介

怀卡托智能分析环境（Waikato Environment for Knowledge Analysis，Weka），Weka 一词是新西兰的一种鸟的名字，是因系统的主要研制者来自新西兰所以以 Weka 命名了该系统。Weka 是一个公开的工作平台，主要用来进行数据的挖掘。它拥有大量的机器学习算法，用来承担庞大的数据挖掘任务，这些算法不仅包括对数据进行预处理、聚类、回归、分类和关联规则，而且还包括在新的交互式界面上的可视化。

目前，世界上在 OpenDOAR 中登记注册的机构知识库中有 3% 的机构知识库是基于 Weka 构建的，其中亚洲的比例更是达到了 14%。

2. Weka 系统在机构知识库中的应用——日本机构知识库在线平台（JAIRO）

日本的机构知识库中有 46% 都是基于 Weka 构建的，如图 3-15 所示，如日本机构知识库在线平台（JAIRO），网址：http：//jairo. nii. ac. jp/en、秋田大学机构知识库系统、大同大学知识库、富士女子大学知识库、神奈川牙科大学知识库等。中国台湾地区的亚洲大学学术资料库（Asia University Academic Repositories）也是基于 Weka 构建的。

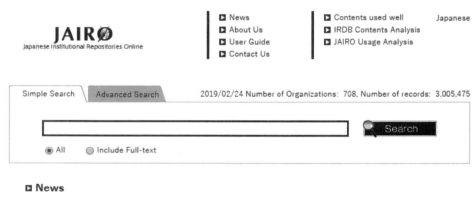

图 3-15　日本机构知识库在线平台——JAIRO 网站首页

资料来源：http：//jairo. nii. ac. jp/en。

3.1.6　其他软件

除了上边介绍的 5 款开源软件，还有另外两款软件也比较受欢迎，那就是 Hydra 和 Zentity。接下来，我们简单介绍一下这两款软件。

1. Hydra 系统

Hydra 原意指古希腊神话中的九头蛇，作为一个分布式任务处理系统其设计架构和理念与 Islandora 系统相似，即架构的底层数字仓储系统均采用的 Fedora，架构的上层是以组件的形式来实现不同个性化需求的研发和定制。此项目是由美国和英国的高校及 DuraSpace 在 2008 年联合发起的，目的是针对当时科研管理的实际问题构建一个适用于各种类型数字资源管理的扩展性强的系统平台，此平台的特点是很适合处理大的数据任务，可以实时处理很大的数据集。其建设的目标是"一体多头"（One Body，Many Heads），即在提供可重用的系列接口和组件的前提下研发一个可通用的数字存储与管理的系统平台，由此依据具体的应用要求该平台可用于建设多媒体资源库、学科馆藏库、机构知识库等。

编写 Hydra 所使用的语言是 Ruby 语言，基于 Ruby on Rails 服务器的具体系统框架如图 3 – 16 所示。

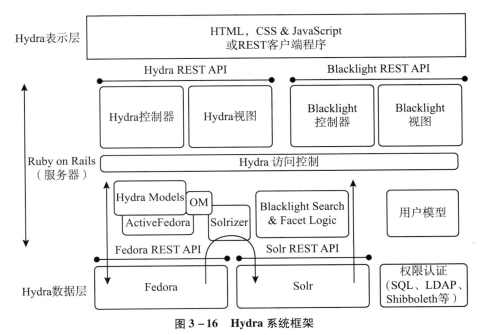

图 3 – 16　Hydra 系统框架

资料来源：张旺强，祝忠明，卢利农．几种典型新型开源机构知识库软件的比较分析[J]．现代图书情报技术，2014（2）：17 – 23。

作为一个大数据存储平台 Hydra 系统是由表示层、服务层和数据层组成的。

最上层的表示层就是展现给使用者看的页面，它距使用者最近，为使用者提供交互操作的界面，通常是由服务层数据生成 HTML 网页。

中间的服务层由一系列 Ruby 组件组成，这些组件主要有 Blacklight、ActiveFedora/Rubydora、Solrizer、Hydra Head。具体分工是 Blacklight 组件负责从 Solr 服务器中获取查询结果和分面浏览数据；ActiveFedora/Rubydora 组件负责完成与 Fedora 系统的互操作管理；Solrizer 组件负责解析资源对象并向 Solr 提交索引；Hydra Head 是可重用的工作流功能组件。底层的数据层是由 Solr 服务器提供检索服务，并由 Fedora 系统来存储各类数字资源。各层之间相互分离，并使用

REST API 进行通信。

2. Zentity 系统

作为一种机构资源仓储平台 Zentity 是由微软研究院（MSR）研发并在 2008 年发布的。Zentity 系统实现了一个语义化资源管理与组织的框架，它以资源为中心，支持资源间关联关系的创建、存储和展示。系统还提供了可扩展接口，支持从传统关系型数据模型到 Zentity 语义模型的转换，可适用于不同的应用领域。

Zentity 内置了科研领域的资源语义关联模型，所含的资源类型有：科研人员、机构、软件作品、期刊、知识产出、文件等。不同类型的资源有不同的属性，例如，科研人员的姓名、职称、邮箱等，知识产出的题名、发表时间、摘要等。同时，资源对象之间会有一定的关联，例如，一个科研人员会有多个知识产出，一个知识产出是发表在某一期刊上的，一个知识产出又包含若干文件。

Zentity 的系统框架支撑了其资源间语义关联各种功能的实现。Zentity 系统可分为三层——数据与数据访问层、服务层、应用层，如图 3 - 17 所示。

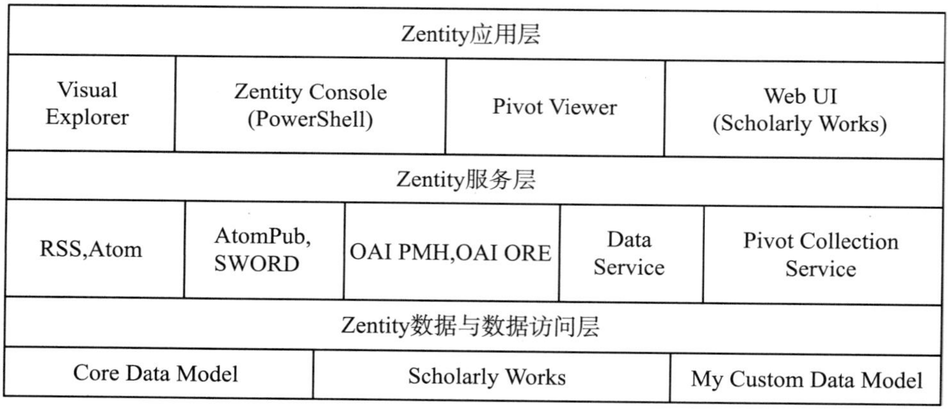

Zentity应用层			
Visual Explorer	Zentity Console (PowerShell)	Pivot Viewer	Web UI (Scholarly Works)
Zentity服务层				
RSS,Atom	AtomPub, SWORD	OAI PMH,OAI ORE	Data Service	Pivot Collection Service
Zentity数据与数据访问层		
Core Data Model	Scholarly Works	My Custom Data Model

图 3 - 17 Zentity 系统框架

资料来源：张旺强，祝忠明，卢利农．几种典型新型开源机构知识库软件的比较分析 [J]．现代图书情报技术，2014（2）：17 - 23。

Zentity 中的各类资源及其关系信息都保存在关系数据库中。数据层提供了一个可以存储不同类型资源、资源属性、以及资源间关系的数据模型，此数据模型是 Zentity 语义化资源管理框架的核心。服务层通过 . NET 的 Entity Framework、ADO. NET、LINQ 等技术实现程序对底层数据的管理以及 ORM 对象关系映射等。应用层的 Visual Explorer、Pivot Viewer 基于微软的 Silverlight，支持以可视化的方式展示资源间的语义关系。除了内置的科研领域知识产出资源语义关系模型，

Zentity 还提供了扩展接口，支持将其他领域数字资源语义关联模型通过 RDFS 文件转换并保存到 Zentity 的关系数据模型中，支持自动生成扩展模型对应的程序类文件，从而实现对实际数据的管理。

由于每个软件的背景来源、需要解决的问题、设计理念等有多不同，因此它们在软件系统架构和具体功能等方面会有较大的差异。但总体来说，每个软件都有自己的独到之处。我们在构建机构知识库的过程中到底应该选择哪种开源软件，并不存在固定的标准来判断孰好孰坏，需要根据机构自身具体的需求并结合各个开源软件的特点进行具体选择。

当然，开源软件也有缺点，包括：

（1）缺乏支持。缺乏支持是开源软件最大的缺点。因为是开源软件，是免费的，因此除了付费订阅外，我们无法寻求更多的服务和支持。同时，因为功能比较强大，因此他的学习、使用和管理过程比较复杂，需要专门的人才来进行。一旦出现问题，其解决的过程也会比较漫长而艰难。

（2）缺乏文档记录。很多开源软件缺乏良好的文档记录，或者根本没有文档记录，出现问题只能自己去摸索解决。

（3）安全性无法保障。因为开源，因此源代码是开放的，任何人都可以看到源代码，这可能会成为致命的缺点，使得机构知识库的安全性无法保障。一些恶意者可能会利用源代码的漏洞对系统进行攻击。

另外，一些开源软件的盈利模式可能是广告，因此它会自带广告组件，而且无法删除，会影响到用户的体验。

鉴于这些缺点，在机构知识库的建设过程中，如果实在找不到合适的开源软件，我们可以选择使用商业软件，或者如果能力允许，可以自主开发合适的软件。

3.2　商业软件

3.2.1　商业软件的特点

商业软件，Commercial Software，指的是被作为商品进行交易的计算机软件。相比较于开源软件，商业软件有其自身的特点。

（1）供应商单一。通常商业软件会给客户提供所谓的"一站式服务"体验，即单一供应商可以提供你所需要的所有应用程序和工具。我们不需要再去寻求不同的机构，需要什么样的服务和功能只需要跟一个供应商沟通即可，非常方便。

（2）产品专业且量身定做。商业软件一般都是企业根据客户的特点经过长期实践考察后量身定做的专业产品。一般而言，大型软件供应商对行业标准和客户需求把握非常好，能够很好地将客户需求转换成具体功能和产品。通常而言，商业软件还能够为机构提供一个标准的接口，能够适合大部分用户的需求。

（3）更新及时。商业软件能够做到经常更新，这样就可以修复在使用过程中发现的一些漏洞，从而保证软件的安全。

（4）使用方便。如果选择商业软件，机构会比较轻松，因为不需要对开发软件，也不需要编程，开箱即用，而且许多商业软件的集成性较好，可以与其他系统和软件集成，更方便客户的使用。

当然，商业软件也有很多缺点：例如，总体费用较高，产品结构臃肿，会导致机构过度依赖供应商，一旦选择使用要更换会非常困难等问题。

3.2.2 商业软件案例

目前，较成熟的商业软件系统有：由 Documentum、Bepress、UMI/ProQuest 研制的 Digital Commons，和 BioMed 中心研制的 Open Repository。

1. Digital Commons

Digital Commons 是由 Documentum、Bepress、UMI/ProQuest 三者共同研制开发的机构知识库和期刊出版平台。该平台依托其专有的、兼容 COUNTER（联网电子资源在线使用情况统计）格式的下载计数，以及来源于 Google Analytics 的访问统计，记录了机构知识库中所有内容的下载量、检索词以及引用链接。这些指标数据通过 Email 发送给机构知识库的管理员，期刊管理员以及作者。该平台为每个机构知识库的出版物都提供了最新的指标数据。作者可以通过一个私人的作者仪表板界面来接收和使用这些统计数据。

该平台还提供联邦检索和发现服务，即 Digital Commons 学科浏览器，为机构知识库管理者、作者和用户提供和使用相关统计数据。Google Analytics 协助提供并访问相关数据，包括：网站访问数量、独立 IP 访问数量、页面浏览量，以及跳出率等。

中国香港的香港浸会大学机构知识库就是基于该软件构建的。香港浸会大学，英文全称 Hong Kong Baptist University，简称"浸大"，网址：https://www.hkbu.edu.hk/，是中国香港特区政府全面资助的八所公立研究型综合大学之一，前身是香港浸信会联会在 1956 年创办的香港浸会书院，目前已被教育部列入国家重点高校名单中，在 2019 年 THE 世界大学影响力排名中位居世界第 60 名，香港排名第 2 位。

香港浸会大学机构知识库首页如图 3 - 18 所示。

图 3 - 18　中国香港浸会大学机构知识库首页

资料来源：https：//www. hkbu. edu. hk/。

2. Open Repository

Open Repository 是由 BioMed 中心研制的机构知识库软件平台。德国的赫尔姆霍兹传染病研究中心机构库（Repository of the Helmholtz Centre for Infection Research）就是基于该软件构建的，其首页如图 3 - 19 所示。

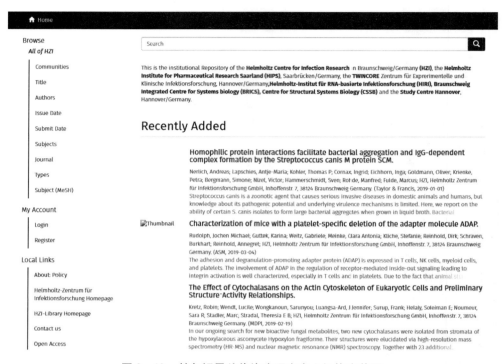

图 3 - 19　赫尔姆霍兹传染病研究中心机构库首页

资料来源：http：//hzi. openrepository. com/hzi/。

　　开源软件和商业软件各有其优点和缺点，具体如何选择，还需要根据机构的实际情况，进行有针对性的选择才能选到最适合自己的开发软件。

3.3　CSpace 系统

　　如果开源软件和商业软件都无法满足机构的需求，且机构经济实力和技术实力较强，可以考虑自主开发软件来建设符合需求的机构知识库。严格意义上来说，CSpace 可以说是国内最著名的机构知识库自主开发软件代表。

1. CSpace 系统简介

　　CSpace 是国内唯一一款得到规模化部署和应用的机构知识库建设软件平台，也是中国国内一流的、用户群体最大的知识库管理平台。严格来讲，CSpace 系统是以开源软件 DSpace 为原型系统进行扩展和开发而形成的。它由中科院兰州文献情报中心独家研发，2007 年开始在中国科学院及其下属研究所部署使用。经过十多年的发展，已经具备一定的发展成熟度和技术稳定性。目前，中科院及其下属机构的 114 个研究所机构知识库都是基于该软件平台构建的。同时，CSpace 系统正逐步向中科院之外的用户（科研机构、高校和企业）推广。目前，CSpace 已在中国农业科学院、上海科技大学等数十家科研机构、高校和科技创新企业得到推广和应用。

2. CSpace 软件版本

CSpace 软件是支持数字知识库建设的软件系统，可用于科研院所、高校、政府、企业等联合建立综合的数字资源传播、共享和管理的知识库平台，也可支持机构或部门构建各种领域性或专题性知识共享和传播管理平台。根据不同的应用场景，CSpace 有以下三个版本：

（1）CSpace IR：此版本专门用来建设机构知识库，支持机构知识库建设管理的全系列功能模块，包括知识内容采集管理、元数据描述与封装组织、长期保存管理、权益政策及传播管理、检索与发现服务、分析审计、知识图谱、个人履历（个人主页）等各种基础功能和增值服务功能。其扩展功能强大，如可扩展管理任何所有文本或非文本类型的数字资源。支持多种开放互操作接口。中科院机构知识库就是基于这一版本构建的。

（2）CSpace DR：此版本专门用来建设通用的数字知识库，用于各种专题/专门性或综合性数字知识库的建设。该版本与 CSpace IR 比去掉了用于机构知识资产管理过程的相关服务和功能，更适合于数字知识库的建设。

（3）CSpace HUB：此版本专门用来建设数字/机构知识库网络的建设，主要用于对基于支持 OAI‒PMH 协议或 CSpace 的数字知识库系统进行数据收割和聚合，建设集成服务系统。也可与特定的节点知识库系统配合，用来建设知识共享和合作网络。

3. CSpace 软件的特色功能

（1）支持机构主库、部门子库、个人知识库的自动采集和建库应用。

（2）全新打造的前端 UI 体验，更人性化的用户交互流程，自适应兼容电脑、平板、手机等跨屏一致化访问体验。

（3）英文版、中文版的无缝自适应语言环境切换，构建标准化国际化的知识管理门户。

（4）实现全谱段全媒体知识成果集成管理，支持科研学术过程各种正式类型知识成果（如论文、专著、专利等）和非正式类型成果（研究报告、演讲报告、项目资料、数据等）的统一汇缴和管理。

（5）提供全库检索、高级检索、专业检索等多种检索方式。

（6）知识成果数据及相关科研实体数据汇集与开放互操作支持通过与学校相关科研信息系统进行数据共享、交换与关联集成，实现学校科研成果数据与相关科研信息的关联利用和服务。

（7）兼具开放获取与知识资产管理功能的统一平台，支持以共享层次、共享范围、共享时间、许可形式的组合设定和管理知识内容发布的共享的权限，支持公开发表科研成果及可公开共享成果的开放获取，支持非开放获取知识成果的有限共享和传播利用。

（8）知识成果的全方位发现利用支持浏览、分类导航、全文检索、图像检索、引用、推荐、收藏、评注、导出、分析、计量等各种知识成果的发现和利用服务。

（9）全新的学者之窗和个人学术主页，支持学术成果的 Word、PDF、Excel、Endnote 格式批量导出。

（10）自主研发的智能匹配认领算法，实现作品自动认领（可达 90% 工作量），极大地减轻了人工认领的人力成本。

（11）多场景组合条件下的数据分析和图谱可视化揭示，支持多种格式的报表导出。

（12）具备物理权限管理和恶意下载监控。

（13）全新 Web 化的服务器管理功能，支持在线启停 Tomcat、postgresql、openoffice，支持在线查看系统日志和磁盘占用情况；自动化数据备份功能（全备份＋增量备份）；在线恢复功能（支持对系统、数据的回溯恢复）。

（14）丰富的 API 接口，可灵活方便的与第三方系统进行数据交互对接。

（15）预置 16 种国际开放许可协议。

（16）个人作品引证查询功能，支持导出引证报告。

（17）学术讨论厅，支持对学术讨论过程知识的集册存缴。

（18）知识内外部资源特色整合，聚类分析。

4. CSpace 系统在机构知识库中的应用——中科院机构知识库

中科院机构知识库服务网络目前包括 114 个集成 IR，使用的系统平台软件是 CSpace。中国科学院机构知识库服务网络首页如图 3 – 20 所示，由此我们可以看出，中科院机构知识库网络界面非常简洁明了，首次登录人员也可以很迅速地查找到符合自己需求的资料，而且知识库本身储存的文献资源非常丰富，条目总量达到了近 90 万条，在国内数据库中排在第 1 位。全文条目总量也有 64 万多条，占条目总量的 70% 以上。

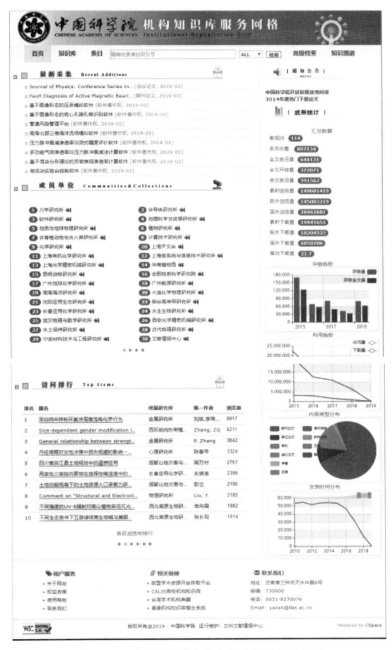

图 3−20　中国科学院机构知识库服务网络首页

资料来源：http：//www.irgrid.ac.cn/。

　　截止到 2019 年 3 月 24 日 23 点，网站的总浏览量达到了 149681419 次，其中院外浏览量 145003219 次，国外浏览量 28462681 次。累计下载量 19445610 次，其中院外下载量 18204523 次，国外下载量 6050706 次，每篇平均下载量达到 21.7 次。这充分表明中科院 IR 网络不仅在国内影响力非凡，在世界上的影响力也是首屈一指的。

第 4 章

机构知识库在中国的发展前景、方向及发展策略

从前边的研究内容我们可以看出，不管是从机构知识库的理论研究还是建设现状角度而言，我国机构知识库的发展与美国、英国、日本等发达国家相比仍存在一定距离。当然，我国的台湾和香港地区的机构知识库建设情况相对较好。

4.1 中国机构知识库发展中存在的问题

中国机构知识库研究建设起步较晚，但是发展比较迅速。然而，与西方发达国家相比，中国的机构知识库建设尚处于起步阶段，各方面配套政策还不完善。目前，中国机构知识库发展过程中存在的问题主要有以下几点。

4.1.1 建设数量较少

根据前文的统计，我们知道，我国机构知识库的建设数量远远比不上欧美及日本等发达国家，排除我国香港、澳门、台湾地区的机构知识库的数量后，建设数量还比不上印度。近几年来，国内各大高校和图书馆开发建设的机构知识库的数量虽然有所提升，但因各方面原因，并未在 OpenDOAR、DOAR 中进行登记。而且我国目前在 OpenDOAR 登记注册的机构知识库中，中科院所属机构知识库占绝大多数，高校机构知识库的比重太低。目前我国发展势头较好的 IR 有北京大学机构知识库、清华大学机构知识库、厦门大学机构知识库等，但是这些机构知识库的软件系统平台、平台功能和界面内容等很相似，缺乏特色。而且在 Open-DOAR 上注册的绝大部分机构知识库都是由机构建设的，国内绝大部分高校都没有建立属于自己的机构知识库，或者就算已经建立 IR 但认知度和使用率都比较低，资源采集和利用率过低，并未达到知识共享的目的。

除了绝对数量偏少，拥有机构知识库的高校在所有高校中所占的比重也太

低，远远落后于国外发达国家。据统计截至 2017 年 5 月 31 日，全国高等学校共 2914 所。然而，截止到 2019 年 2 月 11 日，在 CALIS 机构知识库联盟中登记注册的机构知识库只有 51 个，只占高校总数量的 1.75%，在 OpenDOAR 上注册的中国内地（大陆）高校只有六个，分别是：北京大学 IR、广西民族大学 IR、西安交通大学 IR、清华大学 IR、北京科技大学 IR、厦门大学 IR，且在世界机构知识库的影响力都比较有限。机构知识库数量少并且建设不成熟是中国机构知识库建设过程中所面临的主要问题之一。

4.1.2 开源软件种类单一，服务能力不足

开源软件的选择使用对机构知识库的整体水平影响很大。前文说过，开源软件的类型不仅对 IR 中能够存储的对象种类起决定性作用，也对存储对象的安全性和互动性以及服务功能的拓展等都有决定性作用。在之前的研究介绍中我们知道，OpenDOAR 中注册收录的中国机构知识库绝大部分都是使用 DSpace 进行开发的，而且大都直接采用 DSpace 的默认设置，或者将 DSpace 进行简单的本地化处理，并未对该系统进行深度开发。只有中国科学院将 DSpace 系统进行了深度开发，并在其基础上根据自身特点和需求开发出了 CSpace 系统。因此，我国机构知识库平台功能显得十分单一，无法开展个性化订阅、推送等个性化服务，不能实现机构知识库之间的跨库检索，更不用说其他附加性服务，例如：通过构建机构知识库之间的知识地图检索系统，挖掘机构隐性知识，实现知识对象的定位和与知识专家的链接，建立机构知识库中各类资源之间的关系等。

通过登录各机构知识库进行研究，我们可以看到，目前中国已有的各大机构知识库大都规模偏小、文献内容单一、资源获取能力差、浏览量和下载量偏低、服务能力不足，因此影响力也就不大。

另外，从当前的研究来看，中国国内用户对开放获取和机构知识库知之甚少，很多提交成果的用户也并不是自愿的，而是在强制政策的推力下才注册使用机构知识库，但是依然对机构知识库了解得不多，导致后续使用和提交动力缺乏，进而影响到机构知识库的后续建设能力和服务能力。

4.1.3 缺乏政策法规的支持

自开放获取的概念传入我国，中国政府和一些机构就开始关注开放获取运动的发展和机构知识库的情况。

2004 年 5 月，中国科学院院长、中国国家自然科学基金委主任分别代表中国

科学院和中国国家自然科学基金委员会签署了《柏林宣言》，表明了中国科学界和科研资助机构支持开放存取的原则和立场。

2005 年 6 月，中国科学院在国内首次主办关于科学信息开放存取战略与政策的国际研讨会，为吸取发达国家的开放存取经验、推动中国政府部门和相关机构积极制定相关的政策和战略。

2005 年 7 月，在中国大学图书馆馆长论坛中，与会的 60 多位高校馆长或代表签署了《图书馆合作与信息资源共享武汉宣言》并提出："信息资源共享的最终目标是使任何人在任何时候、任何地点，均可获得任何图书馆的任何信息资源"，呼吁国家尽快制定《图书馆法》和其他保障信息资源公共获取的法律，呼吁教育部等三部委在促进文献信息资源共享方面发挥更大的作用。同时，宣言鼓励并积极参与学术信息的开放存取，指出各大学的学术资源在满足自身需求的情况下，应尽可能地向社会方位开放，以争取最大限度地利用各种学术资源。

2006 年 3 月，由中国人民大学法学院、IET 基金会、北京大学法学院和中国开放式教育资源共享协会共同主办的"简体中文版知识共享协议发布会暨数字化时代的知识产权与知识共享国际会议"在北京举行，会上正式发布了"知识共享中国大陆版许可协议"。

2010 年 10 月，在中国科学院国家科学图书馆成功举行了"第八届开放获取柏林国际会议"。主题是"开放获取：实施战略、最佳实践与未来挑战"，重点讨论了学术信息开放获取政策、策略和最佳实践，包括国家和机构开放获取战略、开放科学数据和教育资源、IR、开放出版、开放获取策略评估和开放获取支持工具等，许多国家和机构的相关学者都参加了会议。

2014 年 5 月，在北京召开全球研究理事会峰会，通过了《开放获取行动计划》，要求推动实现全球公共资助科研项目学术论文的开放获取。5 月 15 日，中国科学院和国家自然科学基金委分别发布了对各自资助的科研项目所发表的论文要实行开放获取的政策声明，强调受公共资助而发表的论文在发表后，必须将论文的审定终稿存储到相应的知识库中，至发表之日起 12 个月内全面实行开放获取。

以上政策和宣言的提出，表明了我国政府和机构对开放获取运动的支持和认可，同时也表明了开放获取是全世界科学研究发展的必然趋势，从而表明了我国对建设机构知识库的信心和决心。但是虽然如此，我国目前仍然没有出台关于开放获取和机构知识库建设的国家层面的相关政策，使我国机构知识库处在各自为政、没有国家宏观引导和规划的建设中。而且，在机构知识库的建设中虽然也制定了一些相关政策，但在政策执行时因与政策相对应的实施细则、考核机制等都不完善，使这些政策难以真正的落实，难发挥其效果。总之，机构知识库建设过程中的政策不完善、配套政策及补充规定不到位等问题是制约我国机构知识库建设发展的重要问题。

4.1.4 资源数量相差悬殊，共享能力差

我国机构知识库整体建设水平不高，资源数量相差悬殊，尤其是缺乏开放获取力度，因此国际影响力远不及美英日等发达国家。西班牙网络计量学实验室在2010年1月10日曾推出全世界开放获取机构知识库400强排名，在此排名中我国最靠前的是台湾大学机构典藏库，在第11位，此外，中国台湾地区还有4个机构知识库进入了前100名，其次是香港大学学术库，在第146位，而其余排名最靠前的是厦门大学学术典藏库，仅在第230位。

近年来，国内高校和机构对机构知识库的建设日益关注，很多没有机构知识库的高校和科研院所已纷纷着手构建自己的机构知识库，已有机构知识库的高校和机构则将资金和精力放到机构知识库的发展上，因此机构知识库的整体数量和资源数量增长都很快。中国高校机构知识库联盟中30个成员的资源数据量汇总（统计时间截止到2019年2月25日），如表4-1所示，从表中数据可看见，各高校机构知识库的数据总量很多，北京大学近50万条，数据总量在20万条以上的有13个，但是也有很多高校数据量不到1万条，资源数量相差悬殊，甚至有的高校仍未建立自己的机构知识库。

表4-1 　　　　　　　CHAIR 各高校机构知识库数据量汇总表

序号	高校名称	数据量	序号	高校名称	数据量
1	北京大学	494880	12	华南理工大学	232974
2	武汉大学	477150	13	中国人民大学	200747
3	四川大学	449449	14	南开大学	195356
4	清华大学	397955	15	西南交通大学	161031
5	哈尔滨工业大学	324599	16	华中师范大学	160726
6	山东大学	305820	17	南京医科大学	150000
7	同济大学	294259	18	西北工业大学	149242
8	大连理工大学	282702	19	兰州大学	145493
9	西安交通大学	258776	20	北京理工大学	142914
10	重庆大学	244108	21	东南大学	123259
11	华东师范大学	238088	22	厦门大学	120000

序号	高校名称	数据量	序号	高校名称	数据量
23	山东师范大学	103686	27	北京邮电大学	50618
24	电子科技大学	99971	28	沈阳师范大学	12473
25	北京科技大学	95207	29	湖北民族学院	6486
26	内蒙古大学	55999	30	武昌首义学院	2129

资料来源：笔者整理所得。

从机构知识库资源收藏的内容类型来看我国（香港、澳门、台湾地区除外）机构知识库收录的资源有以下类型：期刊、专利、学位论文、会议论文、成果、未出版报告、著作、工作手稿、教学资料、视听资料、学习资料、数据库、实验数据及实验结果、软件产品及相关资料、各种观点、看法、思想、经验、诀窍和总结等。在这些类型中，期刊、学位论文和会议论文这些文字类型资源所占比例较大，其他资源所占比例偏少。图 4 – 1、图 4 – 2 和图 4 – 3 分别是四川大学、清华大学和哈尔滨工业大学机构知识库资源类型分布，从图中我们可以看出，三个学校机构知识库的数据资源都以期刊为主，分别达到了 77.2%、64% 和 57.77%，其次是学位论文、会议论文、专利、图书的比例也比较高，成果、科研项目、报纸文章、课程、学术视频等的比例则非常低甚至没有。

在资源共享上绝大部分的机构知识库不能提供免费预览或免费下载服务，甚至有的机构知识库只对校内人员开放，再加上版权问题的限制，使机构知识库的开放获取程度非常低，与机构知识库的建设初衷相悖。

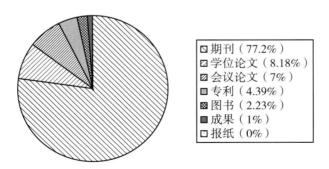

期刊（77.2%）
学位论文（8.18%）
会议论文（7%）
专利（4.39%）
图书（2.23%）
成果（1%）
报纸（0%）

图 4 – 1　四川大学机构知识库资源类型分布

资料来源：笔者整理所得。

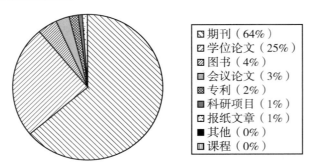

图 4 - 2　清华大学机构知识库资源类型分布

资料来源：笔者整理所得。

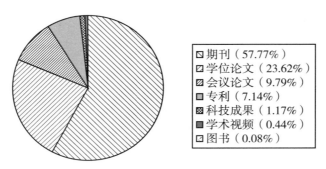

图 4 - 3　哈尔滨工业大学机构知识库资源类型分布

资料来源：笔者整理所得。

4.1.5　资金投入缺乏

　　机构知识库的开发、建设和发展以及日常的运作都离不开资金的支持，资金问题是决定一个机构知识库持续发展的重要保障。美国研究图书馆协会对美国机构知识库的研究表明，每个机构知识库需要大概 183000 美元的启动资金，初步研究小组对世界机构知识库的研究发现，设立一个机构知识库的平均费用约为 79000 美元。

　　我国香港地区的机构知识库受到大学教育资助委员会（University Grants Committee，UGC）的资助，中国台湾学术机构典藏库也是在台湾教育主管部门的资助下完成的。而大陆（内地）的机构知识库的资金来源渠道比较单一，主要来源于图书馆的项目基金，缺乏国家层面基金资助委员会或其他资助委员会的资助，其中最权威的国家自然科学基金会、国家社会科学基金会、教育部项目基金会目前并未正式声明对机构知识库的建设给予专项资助。因此，建设自己的机构知识库对各大高校而言非常困难，想长期保持机构知识库的正常稳定发展更是难上加难。很多的机构知识库普遍存在因后续资金投入不足而导致的数据增长缓慢、服务功能缺乏、运行不稳定等问题，不但给读者造成不便，也降低了学者上传分享文献的意愿和效率。

4.2 中国机构知识库发展的 SWOT 分析

SWOT 分析是战略管理中一种常见的分析方法，主要用于制定集团发展战略和分析竞争对手情况。其中 S（strengths）指的是优势，W（weaknesses）指的是劣势，O（opportunities）指的是机会，T（threats）指的是威胁。

本书采用 SWOT 分析法，主要用于分析中国在高校 IR 建设过程中的策略，并在 SWOT 分析的基础上，避免主观因素带来的不足，选出最优策略。

根据前文的研究内容，我们对高校 IR 进行 SWOT 分析。

4.2.1 优势

目前在中国，高校 IR 发展的优势非常明显，主要有以下几条。

（1）中国高校和科研机构的管理模式适合 IR 的发展。在中国，大部分高校和科研院所均属国有，经费由政府统一划拨，并在行政上接受政府的管理。这种管理机制便于机构知识库的合作共享，便于形成 IR 联盟，从而便于机构知识库的长期健康发展。

（2）有一定的硬件基础和知识基础。在国外，机构知识库主要有各大高校图书馆创建和维护。在中国，各大高校对图书馆的建设比较重视，各大高校图书馆的硬件设施比较成熟，对软件的引进也非常重视和舍得。另外，各高校从建馆初就开始搜集的文献、论文、资料等内容非常丰富，同时我国科研工作者产生的知识成果也非常丰富，为 IR 的建设打下了坚实的知识基础。

（3）理论界对机构知识库的研究热度较高。自开放存取的概念被提出，中国学术界就一直关注并支持开放存取运动和机构知识库的发展。从第 1 章的统计中我们可以看出，自 2003 年以来，中国学者共发表以开放存取为主题的文章 2400 多篇，以机构知识库为主题的文章 1300 多篇，以高校机构知识库为主题的文章 193 篇，为机构知识库的发展奠定了坚实的理论基础。

4.2.2 劣势

（1）中国高校机构知识库建设过程中没有统一建设标准，开源软件种类单一，技术水平较低，导致平台功能不足，服务能力不足。

（2）现存高校机构知识库资源数量悬殊，资源质量良莠不齐，类型分布不均衡，开放获取程度低，影响力小。

（3）建设资金短缺，缺乏后期维护资金和专业管理人员，使高校机构知识库缺乏可持续发展能力。

（4）各高校在机构知识库建设过程中缺乏服务理念建设，对机构知识库的重要性程度认识不足。

4.2.3 机会

（1）学术期刊出版机制合理，版权问题比较好协调。在中国，学术期刊基本都是有各大科研机构、高校、各大专业学会或其他政府部门成立，出版目的主要是学术交流，并不以营利为目的，这与开放共享的理念一致。因此，在我国高校建设机构知识库基本不会受到学术出版单位的抵制，政府的政策也较容易贯彻。在国外影响机构知识库发展建设的版权问题在国内解决起来相对容易。

（2）国内外机构知识库建设成功案例很多，有充足经验教训可供借鉴。

（3）中国高校中公立高校所占比例较高，政府制定的相关政策法规便于顺利实施。

（4）中国科学界和科研资助机构对开放存取和机构知识库建设非常支持，同时每年举办一次的"中国机构知识库学术研讨会"为中国高校机构知识库的建设和发展提供了强大的助推力。

（5）世界上已有的机构知识库开源软件数量众多，可选择余地大。

（6）中国两大机构知识库联盟中国科学院机构知识库网络（CAS IR GRID）和中国高校机构知识库联盟（CHAIR）的建立对提升中国高校机构知识库的建设水平起了重要的作用。

4.2.4 威胁

（1）缺乏国家宏观层面的引导。我国目前仍然没有出台关于开放获取和机构知识库建设的国家层面的相关政策，因此我国机构知识库的建设处在各自为政、没有国家宏观引导和规划的环境中。

（2）开放存取理念并未普及，机构知识库的推广力度不够，人们普遍对机构知识库缺乏了解。

（3）已建立机构知识库的高校在全体高校中所占比例太低，高校机构知识库的建设并未引起高校领导层的重视。

4.3　中国机构知识库发展的具体策略

机构知识库的建设和发展是一个整体工程，这关系到全国以至于全世界科学技术的发展。要确保我国机构知识库持续、稳定、健康地发展，首先要提高对机构知识库的全面认识，不仅是技术上的认识和开发，还包括管理层和全体科研人员及系统工作人员的认识；既要从官方层面完善相关的政策机制和管理体制，又要从技术层面拓展功能，加快技术创新、人才培养、资金投入和宣传推广。这需要包括各大高校、机构、政府、作者、用户、数据库商等机构和部门的通力合作才能完成。

根据前文的研究内容和 SWOT 分析结果，针对中国高校机构知识库的发展我们提出以下具体策略。

4.3.1　加大对开放存取理念和机构知识库的宣传力度

1. 加大对开放存取理念的宣传力度

在西方发达国家如英国和美国，开放存取的概念已然深入人心，机构内部成员及社会各界对开放存取和机构知识库的认知度和接受程度很高。

前文说过，机构知识库是开放存取运动的产物，它使开放存取的理念深入人心，使人们在认识到开放获取的重要意义后，在取得版权保护的情况下主动、积极地将自己的科研成果提交保存到相应的机构知识库中去，从而实现真正意义上的开放获取。因此，在了解机构知识库之前，我们必须使人们先了解开放存取的理念。在我国，虽然出台了不少相关政策，但开放存取的理念并未深入人心，大多数人对开放存取缺乏了解，对相关政策也几乎一无所知。因此，各机构尤其是高校必须加大对开放获取理念的宣传推广，使科研人员能全方位的理解开放获取，才能为全面了解和支持机构知识库的发展和建设奠定基础。

2. 加大对机构知识库的宣传力度

目前，我国只有少数高校和科研院所拥有自己的机构知识库，已经有机构知识库的机构其机构知识库的后续管理和建设状况也不容乐观，资源更新速度慢，访问量低，社会认知度偏低，很多人甚至本校的师生都对自己学校的机构知识库缺乏了解，有些人更是不知道何为机构知识库。因此，只有加大宣传力度，使人们明白机构知识库的重要性，才会有更多的机构和高校开始建设机构知识库，机构知识库的资源内容来源才会更有保障。

要加强对机构知识库的宣传，我们可以采取以下方式。

第一，自上而下进行宣传。首先，取得支持，赢得政策和资金支助。机构知识库和开放获取都是新生事物，非人人皆知，其建设的意义和功能需要建设负责人如图书馆领导主动向机构领导进行说明，得到机构领导的认可和支持后，才可能在机构内进行推广落实。同时也能争取到政策的支持、建设团队的选拔和资金的支持，这一点至关重要。其次，逐级宣传，赢得理解和配合。领导层认同机构知识库后，会在机构知识库的建设上给予大力支持，也会主动积极地带头将自己的科研成果和资源等存储到机构知识库中，起到引领示范的作用。同时制定相关配套政策，通过职称评定、业绩考核、项目申报等环节引导、激励或强制本机构科研人员提交个人科研成果，科研人员的积极配合和使用是机构知识库建设成功与否的关键。

第二，自下而上进行宣传。由专门部门通过各种方式向机构成员宣传开放存取和机构知识库的相关知识。可采取的方式有很多，例如，开展座谈会、在机构网站或图书馆网站首页进行宣传、微信公众号推送等方式，还可以在机构内举办专门介绍机构知识库的活动周，让全体成员了解机构知识库，对机构知识库的功能有深入了解，从而接受机构知识库并开始使用机构知识库。

4.3.2 加强机构知识库资源内容建设

机构知识库作为用于存储学术资源的数据库其资源内容的存储量是建设成败的关键，是评价其建设水平的重要指标，所存储的学术资源的种类、数量、质量、下载量等均决定了 IR 的质量，是影响 IR 构建和长期发展的重要因素。我国高校可以从以下方面出发来进行机构知识库的资源内容建设。

1. 充实机构知识库的资源数据总量

所含学术资源的数据总量是 IR 建设的关键，因此，各机构需不断增加各自机构知识库的资源数据总量。我们可以采取以下三种模式提高存储量。

（1）鼓励机构成员主动将成果进行存储。通过加大对机构成员的宣传力度，促使机构成员主动自觉地将各自的研究内容和成果等数据资源上传至机构知识库中。另外，为了提高机构成员的积极性，机构平台首先应确保机构成员上传的研究内容和成果的版权能够得到保护，其次还需要采取适当的鼓励措施。例如，可以采用积分制，成员每次上传一定数量的资源将给予一定的分数奖励，资源上传后，机构知识库再根据资源在一段时间内的浏览量和下载量和被引量给予一定的分数奖励。每年年底，机构知识库根据成员的积分高低进行评优，将评分榜排名靠前的成员放到机构知识库的荣誉榜中，并与学校协商对他们给予一定的物质奖励，以此提高成员的积极性。

（2）采取强制激励模式进行存储。指国家或机构通过制定政策、建立考核机制等形式，强制或激励科研人员被动地提交本人的学术成果，其前提是加强宣传、引导，建立健全配套机制、加强考核，同时提高机构知识库的使用率，让科研人员真正感受到机构知识库的便捷和高效，而从被动提交转化成主动、积极地提交个人科研成果。目前国外机构知识库的建设多采用此模式的存储策略，广泛应用于英国、美国等国的高校、科研院所和资助机构，都相应地出台了强制存储的政策和实施细则等。经研究表明，强制激励的存储方式目前在机构知识库的内容建设上是一种不可替代的重要的模式。因此，我国机构知识库可以对机构成员做出强制性要求。例如，将资源上传与机构成员的年终绩效和职称职务晋升相结合，或者以任务的形式要求机构成员在一定期限内必须上传各自的研究成果，对未完成的人员采取一定的惩罚措施，如取消其评优资格或晋升资格等。

（3）采取协议代存模式进行存储。此模式指机构知识库的管理人员与本机构科研人员之间，在维护科研人员的基本权益即对成果的所有权、保密权等的前提下共同签订协议，允许机构知识库管理人员收集和整理科研人员的学术成果自动存储到该机构知识库中。

2. 丰富机构知识库收录的资源类型

在前文的介绍中我们了解到，我国高校机构知识库所收藏的数据资源以期刊、论文等文字型资源为主（具体见4.1.4），缺少其他类型资源内容，例如教学资料、软件资料、数据库、影音资料、报告总结、学科资料等。因此，各机构知识库应加强收录这些类型的资源内容，同时对不同语种的学术资源和灰色数据等也应该广泛收集，使机构知识库的内容资源丰富多样，充分发挥其知识收集、存储、推广、使用、交流、开放的功能。

3. 确保资源内容的质量

资源质量也是衡量机构知识库建设水平的重要指标。因此，在增加机构知识库资源数量的同时，应加强对资源内容的质量控制，不但要提高对元数据的收集、整理和加工过程中的技术控制，还要加强工作流程控制，即加强资源的提交、审核和监管的力度，从源头上全方位地进行管理和控制。不仅如此，还要在

IR 的构建中及时出台数据提交政策、审核制度等相关政策制度，并出台实施细则、补充说明等配套政策，同时，对存储的学术资源的内容要实施严格的审查，用以规范机构成员的存储行为。此外，建设机构还应定期对库中所存储的内容数据进行审查评价，以确保机构知识库内容资源的质量。

4.3.3 提高机构知识库服务能力

建设科研人员依赖而主动维护的机构知识库是 IR 建设机构的理想目标，也是机构知识库可持续发展的推动力。要想实现这一目的，各高校需要提高机构知识库的服务能力，做到以下几点。

1. 完善机构知识库建设技术

机构知识库建库技术的高低直接影响到机构知识库的整体设计以服务为导向的机构知识库。从用户的角度出发建设和完善机构知识库的功能。

第一，在建设软件的选择上，应该根据机构自己的特点进行有针对性的选择。在前面的介绍中，我们知道机构知识库的建库软件很多，但目前国内机构一般都选择使用 DSpace 系统，无法体现各个机构知识库的特色。因此，国家和建设机构应组织专业技术人员对各类建库软件进行深度的研发，开发出适合不同需求、彰显专业特色、功能强大、免费或低收费的系统软件，为 IR 的构建、长期发展及 IR 联盟的建设奠定技术基础。

第二，有能力的机构可以进行建库软件的自主开发和创新。可以自己研发软件，也可以对现有软件进行深层次开发，如中国科学院使用的 CSpace 系统就是对 DSpace 进行深层次开发得到的一个成熟的系统。但是这对于机构本身的技术水平和资金要求程度较高。因此，各机构在资金允许的情况下可以加大对建库软件的技术投入，开发适合自身需求的软件应用功能，使自己的机构知识库具备一定的特色。

2. 统一机构知识库建设标准规范

理想的机构知识库是机构之间学术资源的保存、共享、推广和展示沟通交流学术成果的基础设施，而当前国家和地区没有制定建设机构知识库的规范标准，使各机构知识库的建设技术、特色和管理方式等都各自为政、各具特色，没有统一、规范的建设使用技术标准，使目前的 IR 之间难以实现资源共享，使机构知识库的建设缺乏实际意义，制约了 IR 的发展。因此，应从国家层面从上到下尽快出台机构知识库建设技术规范等相关政策。具体我们可以从以下两方面下手：

（1）制定和完善机构知识库建设标准规范。在机构知识库的建设初期英国、美国等国家就很重视对建设规范标准的制定和研究，因为这在建设上有利于机构知识库的推广；在技术上有利于库与库间的合作、开发和共享，且节约开发建设的成本，提高建设速度和质量。因此，建设规范的制定是必须的。而我国在这方面缺乏统一的政策引导和标准制定，不但阻碍了 IR 的建设，也严重影响了机构间库与库的合作、共享和相互促进，浪费了资源。因此，我国可以参考借鉴英国、美国两国机构知识库的相关标准规范的内容，由各级行政部门依据区域需求来制定政策、规范标准、引导建设、实现共享；也可由行政干预指定当地有实力的已建机构带头指导 IR 的建设和沟通制定标准的内容，尽快出台配套建设标准，通过推动区域建设来实现全国机构知识库的统一建设，为实现机构知识库全面快速的发展奠定基础。

（2）严格遵循已有建设标准。以英国、美国为例，在出台了有关 IR 建设的标准和规范后，就会要求后续在建的机构知识库必须严格遵循标准规范的内容，如所存储资源的内容格式必须按标准要求进行存储，对互操作协议内容的制定和元数据的标引等也都需要严格遵循此规范的要求。再如我国的 CALIS 项目即三期机构知识库建设与推广项目，此项目的制定和实施在我国具有一定的先进性，它在对某些特色库的建设中首先制定了相关的建设标准，而后在具体建设中要求建设单位必须严格执行此标准的内容要求，并严格检查，这标志着我国机构知识库的建设在某些区域已经认识到了建设标准的重要性并已开始实施。国内其他机构知识库的建设也可以参考和借鉴这些已有的标准规范，在进行修改和完善后制定适合本地区或特定范围的 IR 建设标准，并按照标准要求进行建设。

3. 建设服务型机构知识库

机构知识库建设的最根本的目的是为用户提供所需要的服务，这也是机构知识库能够继续存在的根本。为了做大做强，机构知识库除了向用户提供最基本的搜索、浏览、下载等基本服务外，还必须拓展自己的服务功能，提供增值服务，成为服务型机构知识库，从而最大限度地满足用户的需求。

首先，我们需要调查研究机构知识库用户的真正核心需求。在此，我们以高校机构知识库为例进行分析。高校机构知识库的主要用户及其需求包括：

（1）教学、科研人员。他们的需求主要是为了满足教学、科研的需要，取得一定成果。因此，他们需要机构知识库能够为他们提供以下五方面的服务。

第一，信息服务。包括：所关注期刊、专业资讯的订阅和推送；个人成果的收录和引用情况的通知推送。

第二，知识管理服务。包括：资源数据的管理工作，对个人成果的自动收集并形成相关报表，成果的统计等；挖掘隐性知识，与其他成员进行交流、共享与创新。

第三，科研资料的保存和管理服务。当前，科学研究已经从单枪匹马模式发展到团队协作模式，很多科研项目需要团队成员共同协作来完成。团队成员在研究过程中，会产生大量的资源数据，如参考文献、笔记、实验报告、项目书等。而这些数据大多被分散保存在成员的个人手中，随着成员的变动，这些数据可能会流失，给团队研究带来影响。因此，团队成员可以将这些资源数据上传到机构知识库中，由机构知识库进行保存和管理。

第四，科研助手服务。在科研过程中有很多规范性的重复工作，可以由机构知识库来完成。例如：参考文献的自动形成，期刊、论文、专利、申报书范例和模板的提供、论文的查重等。

第五，教学资料的保存和管理服务。高校教师在教学过程中会产生大量的教学相关资料，如教学课件、教学视频和音频、教学心得、课程相关资料等，这些资料是一个教师多年的经验积累，也有很大的价值，但是对其进行储存保管并不容易。因此，学校可以鼓励教师将这些宝贵的资料存缴到机构知识库中，方便师生的查询使用。

（2）决策管理人员，如科技处、社科处、研究生院、人事处、图书馆等科研管理部门相关工作人员。

科研管理部门的相关人员需要不定时地对机构的科研成果进行统计分析，以方便用于教师的职称评定、科研奖励、报奖、学术影响力的计算等用途。同时，他们还需要对项目的实施过程进行检查管理，如项目申报、中期检查、费用审核、结题验收等。图书馆也需要对这些资源数据进行统计和利用，为教学科研提供服务。

其次，调查清楚他们的需求后，需要尽量满足这些需求。这就要求高校机构知识库在建设过程中进行合理的规划和设计，基本的服务界面必须有，其他的增值服务功能也需要体现在系统中，并在之后的发展过程中加强对用户的需求调查，随时对系统功能进行修正和增加，真正成为一个服务型的机构知识库。

4.3.4 加快制定机构知识库方面的制度和政策

1. 政府主导完善制度体制建设

由政府机构出面，完善开放存取和机构知识库方面的制度和体制建设，细化执行方案设计，加大监督检查力度。灵活选用"制度强制存储"和出台相应的激励政策"鼓励自存储"相结合的方式，从根本上扩大大学、研究机构等对机构知识库建设的重视程度。

2. 完善机构知识库相关版权保护机制

健全的法律法规体系能够为机构知识库的建设和良好持续运转提供依据和保障。机构知识库建设的相关版权机制问题主要指的是机构知识库建设软件版权问题和资源内容方面的版权问题两种。

（1）建设软件版权问题。通过之前的研究，我们知道，中国机构知识库建设中所使用的软件种类不多且相对集中，DSpace 是其中应用最多的，比例达到了 86%，如图 3 - 3 所示。而 DSpace 是一种开源软件，是免费的，功能也比较齐全。另外，DSpace 的授权操作非常简单，只需要在机构知识库网站显著位置添加该软件所指定的代表该软件所有权的徽标，并加上软件所有者的网站链接就可以免费使用了。

（2）资源内容方面的版权问题。相比而言，机构知识库所利用的资源数据版权归属非常复杂，已成为目前制约机构知识库发展的重要问题之一。根据 Open-DOAR 的统计，其所收录的 3859 个机构知识库中所存储的资源数据种类包括：已发表的学术论文、已出版的学术专著、电子期刊论文，未发表或未转让版权的学术论文、学位论文，专利、工作报告、会议资料、教学材料、手稿、课件等。数据资源种类繁多，所涉及的版权归属问题也就比较模糊和复杂，在存缴的时候需综合考虑多种影响因素，针对具体资源类型制定有针对性的版权处理措施和工作流程，在保证机构知识库资源存缴的数量和质量的同时避免侵权行为的发生。

与发达国家相比，我国现行法律中适用于机构知识库资源数据版权问题的法律法规还不是很健全，在面对资源数据的版权问题时，只能以《著作权法》《信息网络传播保护条例》《知识共享中国大陆版许可协议》《合同法》等现有法律法规作为法律依据。但是，因为这些法律法规的出台时间较早，关于开放存取以及机构知识库的资源数据版权问题并没有明确的处理办法。因此，在具体实施过程中很容易出现版权纠纷问题。

因此，我国政府部门各相关机构应加强对机构知识库版权机制问题的认识，专门制定针对机构知识库资源数据版权问题的方针、政策和措施，完善相关法律法规，为我国机构库的建设和发展创造有利条件。

3. 基金资助机构知识库建设

在机构知识库的建设资金方面，由国家自然科学基金会、国家社会科学基金会、教育部项目基金会等部门发表正式声明对机构知识库的建设给予适当资助。

并出台相关政策鼓励社会和个人对机构知识库建设进行资助。

4.3.5 拓宽资金来源渠道，稳定资金来源

前面提到，我国机构知识库的建设资金来源渠道比较单一，与其他发达国家（如美国、日本）相比，我国缺少建设机构知识库的专项资金等其他资金来源。因此，我国政府和机构必须多管齐下，借鉴美国、英国、日本等国家的经验，积极拓宽建设机构知识库的资金来源渠道。

1. 加大政府财政拨款的支持力度

财政拨款是一项稳定的资金来源，能够为机构知识库的建设提供稳定的经费支持。然而，因对机构知识库的重要性认识不足，各高校对机构知识库的建设不够重视，在分配建设资金的时候比例过小，无法保证机构知识库的建设和发展。因此，国家以及地方政府和机构应充分认识到建设机构知识库的重要性和必要性，增加对高校的资金投入，最好对建设机构知识库提供专项财政拨款，实现专款专用，保证机构知识库的建设有充足的资金来源。同时，高校在财政拨款的比例分配进行合理调整，做好预算，确保有充足的资金用来建设机构知识库并维持其正常运转，并保证做到专款专用。

2. 政府出面，设立专项建设基金

日本机构知识库的快速发展离不开 CSI 委托项目的推动，CSI 项目为日本机构知识库的建设和发展提供了充足的资金保障。而我国却没有专门针对机构知识库的建设的专项基金项目。因此，我国政府应出面，组织相关机构创建支持机构知识库建设和发展的相关基金项目，确保机构知识库的建设和持续顺利运转有充足的经费支持，从而推动我国机构知识库建设的快速稳定发展。

3. 申请社会基金资助

美国和英国的机构在建设机构知识库的过程中会申请基金会的资助。我国高校也可以借鉴英国和美国的做法，比如成立高校图书馆机构知识库建设基金会，为高校建设机构知识库提供资金上的保障。除此之外，高校可以寻求社会上其他基金会的资助。各高校校友众多，还可以寻求校友的资助。

4. 与商业公司合作

在机构知识库的建设过程中，各高校可以寻求适当的商业公司如软件开发

商、数据库开发商等开展合作，从而可以缩减建设成本，节约经费。

4.3.6　建设机构知识库联盟

1. 机构知识库联盟简介

机构知识库从建立至今在中国已取得了飞速的发展，但是因为资金、人员、技术及建设经验等因素，机构知识库的建设很难开展，阻碍了其在中国的长期发展与推广使用。机构知识库联盟不但可以实现机构知识库技术研发、运行、管理与维护等成本的规模效益，带动相关区域内或专业领域内更多科研机构知识库的建设，而且能在更广泛的范围内实现对机构研究成果的保存、传播、共享与利用，加速知识转化与知识创新的进程，提升参与机构的学术地位与影响力。目前，西方发达国家已经建立起比较成熟的机构知识库联盟，在某一区域乃至整个国家范围内进行知识科技成果的集中管理，并提供相应的服务。

国外 IR 联盟的构建模式从层次上来看有两种：一种是国家层面的 IR 联盟，另一种是区域性的 IR 联盟。国家层面的 IR 联盟代表有：美国的 ALADIN、法国的 HAL、日本的 JAIRO、德国的 OA - Network 和英国的 Jisc RepositoryNet。区域性 IR 联盟代表有欧盟 DRIVER、科罗拉多数字知识库联盟、德州数字知识库联盟等。

在中国，香港和台湾地区已建立起规模化的机构知识库联盟，典型代表有台湾学术机构典藏（TRIA）和香港机构知识库整合系统（HKIR）。相比较而言，内地（大陆）的机构知识库建设稍逊于香港和台湾地区，但也正在快速发展中。近几年，知名的机构知识联盟主要有两个：中国科学院机构知识库网络（CAS IR GRID）和中国高校机构知识库联盟（CHAIR）。

中国科学院机构知识库网络——CAS IR GRID。2008 年，中国科学院率先启动机构知识库的建设计划，是国内最早开展机构知识库资产管理的机构之一。经过 10 余年的试点、示范和规模推广服务工作，中国科学院机构知识库在促进全员研究所开展机构知识库管理、保存、传播和共享研究所科研成果等方面均取得显著成效，是 Google Scholar、Web of Science 核心合集数据库获取国内文献全文的主力平台，是国内最大规模机构知识库群和最有影响机构知识管理平台。

（1）中国科学院机构知识库平台，简称 CAR - IR，网址：http：//www. irgrid. ac. cn/，是国内使用 DSpace 系统进行二次开发比较成熟的平台之一，平台界面如图 4 - 4 所示。它使用的开发软件是 CSpace 系统，通过前文我们可以知道，CSpace 系统是国内一流的知识库、知识管理和知识服务产品，号称"功能强大、价格美丽"的中国 DSpace。

图 4 - 4　中国科学院机构知识库平台界面

资料来源：http：//www. irgrid. ac. cn/。

2017 年 9 月 20 日，机构知识管理平台 CSpace 6. 0 正式面向国内外用户发布，该平台由中国科学院兰州文献情报中心研发，它的正式发布标志着中国机构知识资产管理已从知识资产存储阶段发展到支撑科技决策阶段。经过近 10 年的发展，CSpace 6. 0 已成为连通机构信息孤岛的桥梁和国内知识资产存储、展示、开放系统管理的"领航者"。国家科技图书文献中心主任彭以祺曾说过："CSpace 6. 0 通过机构知识库的广泛连接和互通，构建起区域性的、国家性的开放科学知识网络，支撑国家科技创新。"

目前，CSpace 6. 0 平台已在中国科学院 110 多家研究所部署和使用。截至

2019 年 2 月 24 日，中国科学院机构知识库网格已累计采集和保存各类科研成果近 90 万份，其中期刊论文 615508 篇，会议论文 111130 篇，学位论文 82631 篇，专利 44273 项，项目 18058 个。通过 CAR – IR 平台汇总数据可以看到，平台全文条目量 644131，占条目总量的 71.8%，其中可开放获取全文的条目量为 377071，占全文条目量的 58.5%。目前，CAR – IR 已成为国际最知名的科技机构知识库之一。

（2）中国高校机构知识库联盟——CHAIR。2016 年 9 月 22 日，在第四届中国机构知识库学术研讨会上中国高校机构知识库联盟（CHAIR）宣布成立，对中国机构知识库联盟的发展具有重要的现实意义。中国高校机构知识库联盟，其英文名称为 Confederation of China Academic Institutional Repository，简称 CHAIR，网址：http：//chair. calis. edu. cn/，由中国高等教育文献保障系统（CALIS）组织联合 16 家高校图书馆共同发起成立，并得到各高校的大力支持，网站界面如图 4 – 5 所示。CHAIR 的目标是：推进全国高校机构知识库的建设，推动学术成果的开放获取，促进学术成果的广泛应用。CHAIR 采用"分散部署、集中展示"的方式构建，由 CHAIR 提供机构知识库的建设系统，参建高校自行搜集上传自己学校的学术资源，并在其机构知识库上发布，CHAIR 中心系统通过收割源数据的方式在 CHAIR 网站页面集中展示参建高校的学术资源。

图 4 – 5　中国高校机构知识库联盟网站界面

资料来源：http：//chair. calis. edu. cn/。

截止到 2019 年 2 月 25 日，CHAIR 共拥有 51 个会员单位，包括北京大学、清华大学、浙江大学、同济大学、山东大学、中国海洋大学等著名高校都是其会员。元数据总量 2868428，访问量达到 48735 次。

我们对 CHAIR 网站进行统计分析得知，在其 51 个会员单位中，能够正常访问的网站有 24 个，只占总数量的 47%，分别是：武汉大学、四川大学、清华大学、哈尔滨工业大学、山东大学、大连理工大学、西安交通大学、重庆大学、华东师范大学、华南理工大学、中国人民大学、南开大学、西南交通大学、华中师范大学、南京医科大学、西北工业大学、兰州大学、北京理工大学、东南大学、厦门大学、山东师范大学、内蒙古大学、湖北民族学院、武昌首义学院，如表 4 - 2 所示。有三所高校的机构知识库不对外开放，分别是华南师范大学、陕西师范大学、西安电子科技大学。其余 24 所高校的机构知识库显示无法登录或机构知识库正在建设中。

表 4 - 2　　　　　　　　CHAIR 会员单位机构知识库状况表

序号	高校名称	数据量	访问状况	网址	备注
1	北京大学	494880	无法访问	http：//ir. pku. edu. cn/	理事会员
2	武汉大学	477150	正常访问	http：//openir. whu. edu. cn	理事会员
3	四川大学	449449	正常访问	http：//scussp. dayainfo. com	会员
4	清华大学	397955	正常访问	http：//rid. lib. tsinghua. edu. cn/	理事会员
5	哈尔滨工业大学	324599	正常访问	http：//hit2ssp. dayainfo. com/	会员
6	山东大学	305820	正常访问	http：//ir. lib. sdu. edu. cn	理事会员
7	同济大学	294259	无法访问	http：//ir. tongji. edu. cn/	理事会员
8	大连理工大学	282702	正常访问	http：//dlutir. dlut. edu. cn/	会员
9	西安交通大学	258776	正常访问	http：//www. ir. xjtu. edu. cn/	理事会员
10	重庆大学	244108	正常访问	http：//cqu. irtree. com/	理事会员
11	华东师范大学	238088	正常访问	http：//ir. ecnu. edu. cn	会员
12	华南理工大学	232974	正常访问	http：//www. irtree. cn/2151/default. aspx	会员
13	中国人民大学	200747	正常访问	http：//ir. lib. ruc. edu. cn/	会员
14	南开大学	195356	正常访问	http：//nankaissp. dayainfo. com/	会员
15	西南交通大学	161031	正常访问	http：//swjtu. organ. yunscholar. com/	会员

续表

序号	高校名称	数据量	访问状况	网址	备注
16	华中师范大学	160726	正常访问	http：//ccnu. organ. yunscholar. com/	会员
17	南京医科大学	150000	正常访问	http：//ir. njmu. edu. cn/	会员
18	西北工业大学	149242	正常访问	http：//ir. nwpu. edu. cn/	会员
19	兰州大学	145493	正常访问	http：//ir. lzu. edu. cn/	理事会员
20	北京理工大学	142914	正常访问	http：//bitssp. dayainfo. com	理事会员
21	东南大学	123259	正常访问	http：//ir. yun. smartlib. cn	理事会员
22	厦门大学	120000	正常访问	https：//dspace. xmu. edu. cn/	理事会员
23	山东师范大学	103686	正常访问	http：//sdnu. irtree. com/default. aspx	会员
24	电子科技大学	99971	无法访问	http：//ir. uestc. edu. cn/irpui/index	会员
25	北京科技大学	95207	无法访问	http：//ir. uestc. edu. cn/irpui/index	会员
26	内蒙古大学	55999	正常访问	http：//ir. imu. edu. cn/widgets/nmgdx/	理事会员
27	北京邮电大学	50618	无法访问	http：//ir. xingtanlu. cn/	理事会员
28	沈阳师范大学	12473	无法访问	http：//ir. synu. edu. cn/	会员
29	湖北民族学院	6486	正常访问	http：//tsg. hbmy. edu. cn：1880/	会员
30	武昌首义学院	2129	正常访问	http：//ir. wsyu. edu. cn/	会员
31	北京化工大学		无法访问		会员
32	北京交通大学		无法访问		会员
33	北京联合大学		无法访问		会员
34	北京师范大学		无法访问		会员
35	东北师范大学		无法访问		会员
36	对外经济贸易大学		无法访问		会员
37	韩山师范学院		无法访问		会员
38	黑龙江东方学院		无法访问		会员
39	华中农业大学		无法访问		会员
40	辽宁大学		无法访问		会员
41	南京师范大学		无法访问		会员
42	南京艺术学院		无法访问	http：//210. 28. 48. 192/subject/	会员

序号	高校名称	数据量	访问状况	网址	备注
43	三明学院		无法访问		会员
44	华南师范大学		无法访问	不对外开放	会员
45	陕西师范大学		无法访问	不对外开放	会员
46	上海交通大学		无法访问		理事会员
47	武汉华夏理工学院		无法访问		会员
48	西安电子科技大学		无法访问	不对外开放	会员
49	浙江大学		无法访问		理事会员
50	中国海洋大学		无法访问		理事会员
51	中国矿业大学		无法访问	http：//ir. cumt. edu. cn：8080/	会员

资料来源：笔者整理所得。

从表 4 - 2 中的统计文献数量来看，元数据量与建设之初相比提高很快，超过 1 万条的高校达到了 28 个。而建设网站的开源软件中，使用最多的是 DSpace 系统，超过半数的 CHAIR 会员选择使用 DSpace。

2. 机构知识库联盟的建设模式

目前，国内的机构知识库联盟一般有三种建设模式，分别是集中模式、分布模式和混合模式。

（1）集中模式。所谓集中模式，是指联盟成员将所有元数据和资源都存储在一个集中知识库中的模式。在这种模式中，联盟成员共同建设并集中维护一个机构知识库联盟服务器，统一存储知识资源，共享服务。这种建设模式的优点是能够避免重复建设，可以降低总体建设成本，但其缺点也很明显，即无法体现各成员机构的特色。该模式比较适用于中小规模机构的 IR 联盟。

（2）分布模式。所谓分布模式，是指所有原书记和资源都保存在源知识库中，元数据是跨库搜索的。知识库成员可自行建设、运营和维护自己的机构知识库，拥有较高的自主权。当然，分布模式 IR 联盟也有缺点：总体建设成本高、成员知识库建设标准不统一，缺乏一致性和兼容性等，不利于在资源共享的情况下实现社会总成本最低的目标。目前，国内高校 IR 联盟多采用这种模式构建。例如，中国高校机构知识库联盟。

（3）综合模式。所谓综合模式是指元数据被采集到一个集中可搜索的数据库中，但仍然保存在分散的原始知识库中，可以从机构与学科知识库以及个人知识库与开放获取期刊中进行数据采集。综合模式结合了综合模式与分布模式的优点，由成员中实力强、规模大的机构建设独立的机构知识库，并将数据提交至本地，同时将实力较低、规模较小的机构联合起来，由中心服务器定时采集与存储元数据。这种模式可以实现资源和技术的共享，并降低建设成本，但是也存在IR建设标准不统一的缺陷。

3. 中国高校在机构知识库联盟建设中存在的问题

第一，构建模式相对单一，大部分采用分布模式建立，建设成本高，标准不统一。

第二，相关部门重视程度不够，多开放存取的认识度较低，科研工作者缺乏开放存取意识，因版权问题等原因对建立IR联盟认可度不高，因此提交资料积极性不高。在存储内容上，绝大部分为期刊论文、学位论文和学位论文，其他形式如研究成果、演示报告、文集、著作等比例较低。

第三，资金来源单一，没有保障。建设IR联盟是一项长期而艰巨的任务，我国IR联盟的支持资金大部分来源于国家项目资金，且多属于启动资金，缺乏后续维护和运营资金，使我国IR联盟发展缓慢。

第四，资源收集和利用率较低。很多高校间（尤其是科研实力强的高校）因地理或历史原因，竞争非常激烈，不愿公布自身的资源库，而愿意公开自身资源的高校大多排名较低，本身所公布的资源价值较低，对社会贡献较小。

4.4　机构知识库综合评价指标体系

目前，关于机构知识评价的研究不多，主要是针对机构知识库的软件平台、网络影响力、数据质量等某一单方面的评价，也有学者从多角度出发评价机构知识库，并提出了多项评价指标。本书综合前文研究内容，在借鉴前人研究成果并结合我国机构知识库研究建设实际情况的基础上，构建了高校机构知识库综合评价指标体系。

4.4.1　评价方法的选择

我们采用网络计量学来构建网络影响力指标，采用链接分析法来对网络影响力指标进行分析、解释指标的特征和规律，制作调查问卷请专家进行打分，最后采用层次分析法软件对各指标权重进行计算，获得各指标的具体权重和分值。

1. 网络计量学

20 世纪 90 年代中期，随着信息科学和计算机网络技术的快速发展，互联网上每时每刻都会产生大量的信息资源，网络信息资源数量的剧增是一把双刃剑，它使传统的计量方法已经很难处理如此巨大的网络信息，同时为使这些庞大的数据有利于科学的研究和发展，产生了一个新的学科——网络计量学。网络计量学的概念是由丹麦学者 T. C. 阿曼德在 1997 年首次提出的，它包含了对网络通信所有相关问题的研究。作为一种新型的网络信息计量工具，它将传统的文献计量方法使用在 Web 分析上，可统计语言、单词、词汇、频次、作者特征、作者合作的能力和程度，还有进行引文分析，学科或数据库增长的测量，新概念、新定义的增长等。

网络计量学是网络时代发展的产物，它可以通过对大量的网络数据的统计分析，预测出某一事务的发展特点及趋势，具有很好的指导作用，应用前景广泛，是科学计量得以持续发展的重要手段。网络计量学主要用数理统计、概率论和统计分析等科学计量方法对所需处理的大数据进行清洗、分析和总结。以科学研究所产生的大量学术资源信息为例，通过对网络上存储的庞大的某一领域的学术资源所产生的数据进行统计分析，可以得出该领域的研究现状及存在的潜在规律，通过对其数据曲线的分析可以总结出其发展的规律和存在的问题，为该科学领域的深入研究和发展指明了方向。此外，相对于传统的检索方法来讲，传统方法多为手工检索，慢且容易出错，面对庞大的数据处理会显得束手无策，相比之下网络检索方便、快速、准确，可以瞬间处理大量的数据信息，随着科学研究的发展，其数据处理的能力和速度日新月异，发展很快，因此网络计量学目前已应用到社会生活、学习和发展研究的各个领域并还将持续快速发展下去。

2. 链接分析法

链接分析源于对 Web 结构中超链接的多维分析。当前，链接分析主要应用在网络信息检索、网络计量学、数据挖掘、Web 结构建模等方面。作为 Google 的核心技术之一，链接分析法的应用已经显现出巨大的商业价值。

一个网站网络影响力的高低除了看网页本身的关键词密度和关键词位置外，还要看一个更重要的要素，就是链接流行度（或称之为链接分析），几个方面结合起来就能让排序更加精确。链接流行度的原理是，一个网页拥有的反向链接越多，就越有可能是高质量网页，否则不会有人愿意为其做链接。因此，在其他条件相同的前提下，反向链接越多的网页网络影响力越高。链接分析，简单来说就是全网投票，目标关键词得票率越高的网站，其关键词在搜索引擎的排名就越靠前。

3. 层次分析法

层次分析法（The Analytic Hierarchy Process，AHP）是一种定性和定量相结合、系统化、层次化的决策分析方法。是由美国运筹学家托马斯（Tomas）于 20 世纪 70 年代正式提出的。

层次分析法是模拟人们决策过程思维方式的一种方法，其基本思路与人们对一个复杂决策问题的决策、判断过程基本一致。在层次分析法中，我们可以将一个复杂的多目标决策问题当作一个系统，将目标分解为多个目标或准则，进一步将每个目标或准则进行分解，形成多层次的分析结构模型，再通过定性指标模糊量化方法算出每个目标（或准则）的权重和排序。借助得到的权重和排序，我们可以代入相关数据并得出结果，根据结果来做出最终的决策。

科学研究错综复杂，人们在对自然、社会、科学等领域进行研究时，会面临大量的问题，这些问题不是孤立存在的，而是相互联系、相互交错、相互制约并受众多因素影响的，由此而产生的科学数据是数量庞大而关系复杂的。对这些科学数据的分析研究直接关系到该邻域科学的决策和发展。层次分析法就是可以解决此类问题的简单、快捷而有效的科学方法。

4. 问卷调查法

问卷法是目前国内外社会调查中较为广泛使用的一种方法。在此，我们设计一款调查问卷对机构知识库的综合实力评价指标的权重进行评价，最终得出每个指标的权重。在调查对象的选择中，我们将选取高校图书馆中的机构知识库研究专家进行打分，以确保指标权重的真实和准确。

4.4.2　构建综合评价指标体系

1. 综合评价指标体系

本书将高校机构知识库综合评价指标分为三级，一级指标为机构知识库的综合实力，二级指标包括三个：网络影响力、服务能力和持续发展能力，每个二级指标又分别包含多个三级指标，具体如表 4 - 3 所示。

表 4 – 3 高校 IR 综合评价指标体系

一级指标	二级指标	三级指标	指标说明
机构知识库综合实力	网络影响力	网站认可度	表明网站受到外界认可的程度，包括：外部链接数量、链接质量、网络影响因子、PR 值的四个子指标
		资源量	包括：资源总量、全文百分比、资源类型丰富度、公开程度、资源时效性五个子指标
		网站关注度	包括：浏览量、下载量两个子指标
	服务能力	系统友好性	能否正常显示，是否存在误导界面，界面是否简洁易操作，资源搜索是否简单
		处理多媒体文件能力	与系统技术水平相关，是否安装有相应的多媒体软件，从而方便资料的上传和使用
		增值服务能力	包括很多方面：信息服务、知识管理服务、科研资料的保存和管理服务、科研助手服务、教学资料的保存和管理服务
	可持续发展能力	资金投入	除了必要的建设资金，每年是否有持续且足量的资金投入
		管理能力	是否有专业的管理人员进行持续管理和改进，以确保网站的正常运作，确保资源数量和质量水平同时提升

资料来源：笔者整理所得。

2. 指标含义及其在评价中的意义

（1）网络影响力。网络影响力是对机构知识库网站的建设水平及综合利用效率进行评价的一个客观测度。

著名计量学家邱均平教授曾经采用网站规模、显示度、外链接数量、内容丰富度以及学术影响力五个指标对网络影响力进行评价。

在西班牙人文与社会科学研究中心网络计量实验室发布的《世界大学网络计量排名》和武汉大学中国科学评价研究中心发布的《中国重点大学网络影响力排行榜》中，认为一个网站的网络影响力评价指标有五个，分别是：网站规模、外链接数量、文档丰富度、学术文档数、显示度。

本书中，我们将从网站认可度、资源量、网站关注度三个角度出发来对一个网站的网络影响力进行评价。

第一，网站认可度。网站认可度指标表明了外界对网站的认可程度，具体评价子指标有四个，分别是：外部链接数量、链接质量、网络影响因子、PR 值。

外部链接：外部链接是链接的一种，又被称为"反向链接"或"导入链接"，是指通过其他网站链接到自己网站的链接，简称外链，是互联网的血液。没有链接的话，信息就是孤立的，结果就是外部人员什么都看不到。一个网站很难做到路人皆知，因此需要外链，需要链接到别的网站，这样做既能推广自己的网站，还能将其他网站的资料和信息作为补充资源吸收过来。

外部链接数量：外部链接数量的多少对一个网站来讲非常重要，可以给网站带来一定流量，从而提高一个网站的影响力。

外部链接质量：判断一个外部链接质量高低的原则是：导入链接网站的网络影响力如何，是不是其他网站或者用户真心推荐的，用户是否认可并点击该链接，链接地址是否正确，能否通过链接准确的打开网页。搜索引擎对于外链接的质量要求很高，导入链接网站质量的高低间接影响着网站在搜索引擎中的权重，一个高质量的外部链接可以给网站带来很好的流量。

网络影响因子（Web Impact Factor，WIF）是一个评价网站在网络上影响力的指标，是丹麦情报学家英沃森（Ingwersen）受到期刊影响因子概念的影响后在 1998 年提出来的。英沃森对 WIF 的定义是：假设某一时刻链接到网络上某一特定网站或区域的网页数为 a，而这一网站或区域本身所包含的网页数为 b，那么其网络影响因子的数值可以表示为 $WIF = a/b$。

南京大学的黄贺方等认为，外部链接数能够同时提升网站的影响力和流量。来源于外链的数量越多，其链接效率就越高，网站相对影响力就越大，而且链接效率与 WIF 存在显著的线性正相关性，链接效率越高，WIF 越大，其社会影响力就越大。故本指标体系选择了网络影响因子和链接效率这两个指标。

链接效率：链接效率通常被定义为外部链接数占链接总数的比例，是外链数除以网站规模所取得的值。

PR 值：英文为 PageRank，是 Google 用来测评某网页"受欢迎度"和"重要性"的一种方法，具体用某网页所拥有的等级来表现，即 PR 值为从 0 到 10 共 11 个等级，PR 值高，证明该网页和受欢迎程度高且重要。Google 关于网页 PR 值的算法如下：

$$PR(A) = (1 - d) + d(PR(t_1)/C(t_1) + \cdots + PR(t_n)/C(t_n))$$

PR(A) 为要计算 PRFAZHANXUNSU 值的 A 页面，d 为阻尼因数，一般为 0.85，$PR(t_1)$，…，$PR(t_n)$ 分别是各个链接到该网站的 PR 值，$C(t_1)$，…，$C(t_n)$ 分别是各个链接到该网站的外部链接数量，由此可以看出，一个网站帮你做链接时，该网站的 PR 并不是越高越好，该网站链出的外部链接的数量也很重要。PR 值最高为 10，一般 PR 值如果能达到 4，该网站就算一个不错的网站了。

一个网站的外部链接数和外部链接站点的级别都直接影响该网站的 PR 值，具体关系是：外部链接数越多、链接站点的级别越高则 PR 值越高。例如：如果 A 网站上有一个 B 网站的链接，那么 B 网站的内容必须较好才行，各搜索引擎如 Google 才会提高 A 网站的 PR 值。我们可以下载和安装 Google 工具条来检查自己网站的级别（PR 值），利用工具（如站长工具）也可以进行查询。

第二，资源量。一个机构知识库的资源量是其核心竞争力所在，是提高机构知识库网络影响力的根本途径。资源量指标包括以下五个子指标：资源总量、全文百分比、资源类型丰富度、公开程度、资源时效性。

资源总量：指机构知识库中所包含的所有类型资源数量的总和，不仅包括期刊、学位论文、会议论文，还包括专利、成果、未出版的报告和工作手稿、图书、教学参考资料、多媒体视听资料、学习资料、数据库、实验数据及实验结果、软件产品及相关资料、各种观点、看法、思想、经验、诀窍和总结等。如果一个机构知识库所包含的资源总量较多且增长趋势稳定，则表示其发展态势良好，被认可程度也会较高。

全文百分比：指的是用户在机构知识库网站上可以获得全文的资源数量占资源总量的百分比。一般我们可以在机构知识库网站首页得到这一数据。例如，图 4-6 所示的中国科学院机构知识库中，全文条目量 648009，条目总量是 915881，那么其全文百分比就是 648009/915881，即 70.75%。一般来说，百分比越高表示该机构知识库水平越高。

资源类型丰富度：前文说过，机构知识库中所包含类型种类非常多。资源类型越丰富，表示机构知识库越成熟，水平越高，被认可度也越高。

全文开放量：全文开放量对一个机构知识库的网络影响力排名影响很大，一个机构知识库资源再丰富，但如果资源不对外开放，其影响力也将很有限，而且机构知识库开放获取的性质也无法得到体现。如图 4-6 中国科学院机构知识库的全文开放量是 399917，占总条目数的 43.66%。在国内机构知识库中已经属于做得较好的机构知识库了。

资源时效性：同一件事物在不同的时间具有很大的性质和作用上的差异，这就是时效性。在信息时代，资源的时效性显得尤其重要。机构知识库中数据资源更新的速度越快，时效性越强，将越受用户欢迎，其网络影响力也将会越强。

第三，网站关注度。网络关注度指标包括：浏览量、下载量两个子指标。

浏览量：浏览量指标可以通过分析网站的累计浏览量、日均浏览量、机构内浏览量、机构外浏览量等数据来得到。一般而言，浏览量越高，代表网站越受欢迎，其网络影响力也就越高。

图 4 - 6　中科院机构知识库网站首页

资料来源：http：//chair.calis.edu.cn/。

下载量：下载量指标可以通过分析网站的总下载量、篇均下载量、机构内部下载量、机构外部下载量等数据来得到。一般而言，下载量越高，代表网站越受欢迎，其网络影响力也就越高。

（2）服务能力。近年来，机构知识库的数量迅速增加，但没有像预期那样被科研人员和社会广泛认可，甚至有的人并不知道机构知识库的存在和意义。究其原因，有很多，包括机构知识库定位模糊、重视度不足、服务能力缺失、用户参与度不高等。康奈尔大学图书馆等美国大学图书馆将数据监护理念引入机构知识库的建设中，从而可以给机构知识库用户提供更为系统和完善的服务。也有其他研究者通过增加科研服务，给机构知识库用户提供增值服务。总体而言，目前对机构知识库的建设研究均指向一个方向：用户服务。如何获得用户认可，让机构知识库真正为用户所用，为用户所喜爱，已经成为机构知识库能否发展并生存下去的关键所在。

因此，本书中将服务能力指标作为衡量机构知识库综合实力的三大指标之一。在此，我们将从系统友好程度、处理多媒体文件能力、增值服务能力三方面对机构知识库的服务能力指标进行评价。

第一，系统友好性。友好的系统不仅能更加有效的突出机构知识库网站的主题，也能提高网站的访问量。目前影响网站友好性的因素主要有以下几条。

一是系统的兼容性问题。访问者使用的浏览器很多，浏览器版本也不一样，如果系统兼容性不强，有可能出现页面显示异常，影响到访问者的使用体验。

二是信息迷航问题。是指人们在互联网上收集所需要的信息时，通过超链接从一个网页链接到另一个网页的过程中，被许多本不需要的无关信息所吸引，一次次被动地浏览后即使再经多次回转也难以找到最初的位置，迷失在网络中以至于对自己最初搜索的目标都不记得了。信息迷航问题是影响网站友好性的另一个重要因素。相信很多人都有过此类体验。例如，很多人本来想打开电脑网页查询一个问题，结果点击进去后被五花八门的新闻和游戏等吸引，忘记自己打开网页的目的了。

除此之外，打开网页速度是否迅速，界面是否简洁易操作，资料的搜索是否简单，这些也会影响到系统的友好性，进而影响到使用者的体验。

第二，处理多媒体文件能力。机构知识库系统能否方便迅速地处理各种类型的多媒体文件，与系统的技术水平相关，机构知识库系统应该确保安装强大的多媒体文件处理软件，从而方便用户上传和使用不同类型的文件资料。

第三，增值服务能力。增值服务（Value-added logistics service，VIS）目前暂时没有统一的定义，但其核心内容是指：根据用户的需要，为用户提供的超出常规服务范围的服务，或者采用超出常规的服务方法为客户提供的服务。在本书中，我们主要指以下这些服务：信息服务、知识管理服务、科研资料的保存和管理服务、科研助手服务、教学资料的保存和管理服务。这些服务在之前的章节中我们已经叙述过，在此不再赘述。

一个机构知识库增值服务的多少和服务能力水平的高低直接影响到一个机构知识库的网络影响力水平，进而影响到机构知识库的综合能力。

（3）可持续发展能力。可持续发展是科学发展观的基本要求之一，是关于自然、科学技术、经济、社会协调发展的理论和战略。我们在此将它用于机构知识库中，表示一个机构知识库在追求长久生存和持续发展中，既能实现机构知识库的建设目标，完成其建设使命，又能使整个机构在未来的经营发展中保持竞争优势、持续壮大，并在将来相当长的时间内具备稳健发展和成长的能力。可持续发展能力是测评机构知识库综合实力的一个重要指标。

一个机构知识库要想获得长远的发展，具备可持续发展能力，除了必要的建设资金，每年还必须有足量的资金投入，用于系统的更新发展及专业人才的评聘。

另外，除了足够的资金投入，机构知识库管理人员水平的高低对机构知识库的可持续发展能力也有很大的影响。高水平的管理人员能够合理使用有限的资金，选聘合适的技术人员，对机构知识库进行持续的更新和改进，来确保网站的正常运作、资源数量和质量水平的同时提升。

第 5 章

基于中外机构知识库建设的思考与启示

综合中外机构知识库建设的情况可以看出，国际各国以及中国台湾、香港地区的机构知识库的建设都比较超前，而中国台湾学术机构典藏联盟（TAIR）的建设模式尤其值得重视，它的建设很好地展现了该地区学术研究的整体成果，有利于各机构间的相互学习、交流、促进合作和信息共享。TAIR 联盟采取"分散建设、集中呈现"的原则，即中国台湾地区的机构知识库的建设本着各机构结合自己的学术优势和特点进行自行建设，从而保持各机构的主体建设，突显本机构的研究特色。在此之外，TAIR 建立了联合检索平台即台湾学术机构典藏网站，通过该网站链接起了各成员机构的所有 IR 系统，充分实现了资源的互惠互用和推广共享，促进了相互间的合作和交流，使中国台湾地区的 IR 建设呈现出了建设质量高、发展迅速、使用率高等发展趋势。

根据 TAIR 网站显示，截止到 2019 年 2 月 11 日，TAIR 共有成员机构 139 所。其中一般大学 58 所，技术院校 69 所，其他机构 12 所。目前中国台湾地区各类高校总计 162 所，绝大部分都建设了自己的机构知识库，并已成为 TAIR 的成员机构。

相较上述的机构知识库的建设，对机构知识库的建设启示有以下几个方面：

第一，推动开放共享理念的深入推广，落实开放共享的发展理念，大力推动机构知识库的深度发展。

第二，明确著作权方案，先易后难、区别对待进行处理。

第三，资源上传方面，专业人士指点，系统界面简单易懂，操作简单，采取自上而下的强制机制。

第四，各级行政主管机关高度重视和支持，从政策上和资金上进行支持，使得后续建设资金有保障。

第五，发挥联盟优势，IR 技术与经验共享。

下 篇
案例分析

第 6 章

综　　述

国际上，开放获取知识库联盟（COAR），是一个年轻的、迅速成长的知识库联盟，成立于 2009 年 10 月，联合了全球 100 多家机构（包括欧洲、拉丁美洲、亚洲和南美洲）。它致力于全球知识库资源的开放获取，以促进研究成果的共享、传播和使用。全球机构库统计网站开放获取知识库名录（The Directory of Open Access Repositories，OpenDOAR），提供对机构库的国家/地区分布、类型分布、内容分布以及使用软件情况进行详细的组合统计分析，并能以各种图表方式予以展示。

截至 2019 年 1 月 15 日，中国高校机构知识库联盟拥有 51 个会员单位，会员列表中显示理事会员 16 个，其中 21 个单位可以直接从联盟网站会员列表中链接到各自的机构知识库。从目前情况看，中国高校机构知识库正处于发展的起步阶段，值得探究的问题颇多，如国内高校机构知识库现状、建设与运营情况、内容存缴与相关服务、内容建设、政策制定、元数据的收割、未来的发展方向等。

为弄清上述问题，本书作者考虑甄选国内机构知识库样本，进行有针对性的分析、归纳和总结，帮助认识中国高校机构知识库现状及未来一段时间内的发展态势，以利于相关工作的有效有序推动。研究对象一旦确定，接下来就是选取研究样本。在选取样本时，最简单的方式是简单随机抽样即任意选取样本，还有一种比较常用的是分层抽样，主要是将分组与抽样进行结合。先将样本根据属性分成若干层次，然后在各层次之间进行随机抽样，这样抽取的样本比较有代表性。所以这种方法比较适合于研究单位数量较多、单位与单位之间有较大差异的整体情况相对复杂的情况。

结合机构知识库国内外不同的发展现状，笔者认为采用分层抽样更能说明机构知识库的发展状况。分层的原则是增加层内的同质性和层间的异质性。例如，国内机构知识库与国外机构知识库、先期建设的机构知识库与后期建设的机构知识库、东部沿海高校的机构知识库与西部内陆高校的机构知识库、高校的与研究机构知识库等。总体上，理想的、赖以进行分层的"变量"是理论研究中具有足够代表性的"变量"或可能与该高校的机构知识库发展高度相关的"变量"。

　　本书拟从国外的、国内的、先期的、后期的、东部的、西部的、高校的、资助性机构等不同维度选取 10 个样本进行实证分析研究。首先介绍英国、美国两国机构知识库的发展概况，因为在开放获取运动中，英国、美国是机构知识库的先行者，而且到目前为止，美国的机构知识库发展最快、数量最多。其次介绍中国港台地区机构知识库的发展概况，中国机构知识库的发展相比较而言较为缓慢，其中中国的香港、台湾地区机构知识库整体发展状况要相对好一些。再次介绍厦门大学、中国人民大学、西安交通大学、兰州大学、青岛科技大学等高校以及国家自然基础基金研究所机构知识库的建设现状最后分析一下知识库联盟的建设情况，包括中国科学院机构知识库的特点、高校机构知识库联盟的发展状况。

第 7 章

国外机构知识库的建设

7.1 美国机构知识库的建设

机构知识库（IR）的发展源于开放获取运动，起源于 20 世纪 90 年代。2002年，美国研究图书馆协会（ARL）最早提出了发展机构知识库的战略和构想，以此为契机，国内外开始了对机构知识库的研究，尤其是在图书馆学和情报学领域，很快将机构知识库作为了研究热点。随之而来的是在世界范围内，机构知识库的数量开始与日俱增。

目前，美国机构知识库的发展建设在世界上首屈一指。2019 年 4 月下旬，笔者登录 OpenDOAR 网站查询，美国机构知识库数量最多，共 575 个，其中高校机构知识库占大多数。因此本书以美国高校的机构知识库的建设情况进行说明，总结其经验，相信对我国高校机构知识库的建设具有启迪借鉴的重要意义。

7.1.1 软件的应用

据 OpenDOAR 网站统计，美国的机构知识库的数目目前为止是最多的，尤其是以美国高校为代表。美国机构知识库的快速发展一方面是因为美国高校已经将机构知识库作为学校的基本设施来进行建设，知识库中存储的资源对于教学、科研来讲会起到很大的促进作用，对于没有发表的文献也可以通过机构知识库进行存储，永久保留。另一方面是基于 DSpace 系统软件的开发，美国的大部分机构知识库都是基于 DSpace 建设的。

DSpace 系统是由美国麻省理工学院（MIT）和惠普公司（HP）共同开发的，并于 2002 年 11 月面世，为致力于知识库的发展，一直以来作为免费的开源软件供用户使用。在全球范围内，麻省理工学院知识库的建设也是相对比较早的。DSpace 系统在数据组织、输入和导出以及对用户和数字对象进行管理、工作流管理等方面功能强大。可以根据不同文献需求，以多种格式进行存储，如学术期刊、各类型论文、书籍、图像、工作报告等。DSpace 采用句柄系统来标识数据，确保资源长久可靠的获取。在众多机构知识库构建软件中，DSpace 发展非常迅速、关注度较高，有着大规模的用户群体，基于 DSpace 系统成本低廉，易于配置等优点，全球高校图书馆开始广泛采用 DSpace 系统进行本机构知识库的建置，从而开启了机构知识库建设的新时代。

7.1.2 资源类型

美国高校机构知识库的资源丰富，收录成果的类型繁多，形式各异，并且各个机构知识库都有自己的特色，成果范围涵盖各个学科，收录内容丰富多彩，不但有论文、论著等公开发表的成果，还包括较多的一般不予公开的灰色数据等文献资料。文献资源采用多种语言，主要以英语为主，另外还包括法语、韩语、日语等语种，甚至还包含不常用的西班牙语、葡萄牙语、拉丁语等语言，极大地满足了各种层次、各种国籍科研人员的广泛需求。

1. 堪萨斯大学机构知识库

KU ScholarWorks 是堪萨斯大学的数字存储库。它包含堪萨斯大学教职员工和学生创建的学术著作，以及大学档案馆的资料，其首页如图 7-1 所示。KU ScholarWorks 为更广泛的受众提供重要的研究和历史项目，并帮助确保它们的长

图 7-1 KU ScholarWorks 数字存储库首页界面

注：本图仅用于说明知识库架构内容。

资料来源：堪萨斯大学机构知识库首页 https：//kuscholarworks. ku. edu/。

期保存。到 2019 年 4 月，数据库中显示从 2000 ～ 2019 年文献数据近 16684 条，收集的文献类型有期刊、会议论文，学生学位论文，以及论著、书籍章节和手稿、工作文件和技术报告、艺术和创意作品、演示资料、软件代码、数据集等多种类型；KU 档案馆收集政策所涵盖的大学文件（如演讲、部门公告和新闻通讯、剪贴簿等）以及在 KU 出版或由 KU 研究人员编辑的期刊；与校内行政单位或教职员工在研究或学术工作中所作的学术努力有关的视听资料；本科生作品，包括经相关部门或学术单位批准的高级项目、论文和荣誉论文等成果。其内容涵盖物理和天文学、应用行为学以及生物学等多种学科，而且收集的文献成果可以保存为固定的格式（如 PDF）进行全文下载。

2. 佛罗里达大学机构知识库

佛罗里达大学数字馆藏始建于 2006 年，其首页如图 7 - 2 所示。佛罗里达大学图书馆利用并贡献开源 SobekCM 存储库软件为佛罗里达大学数字馆藏（UFDC）数字存储提供支持的软件引擎。支持多种文件类型，如文本、图像、超大图像、视频、音频等。截至 2019 年 4 月，UFDC 拥有超过 300 个优秀的数字馆藏，包含 14000 多万页、涵盖 78000 多个主题，包括珍本书籍、手稿、期刊论文、照片、报纸、相应数据集、音频历史资料、古老的地图等资源，供人们永久

图 7 - 2　佛罗里达大学机构知识库首页界面

注：本图仅用于说明机构知识库架构。
资料来源：佛罗里达大学机构知识库首页 http：//ufdc. ufl. edu/。

获取和保存。通过 UFDC，用户可以免费、开放地访问由佛罗里达大学及其合作机构持有的完整、独特和稀有的材料。佛罗里达大学图书馆鼓励和支持教师在数字馆藏中提供新的资源、新的学术成果，并对开源 SobekCM 软件进行了系统增强，不断充实机构知识库的资源。

3. 麻省理工机构知识库

麻省理工机构知识库收录的资源种类主要有期刊论文、未出版资料、学位论文、工作报告、多媒体资源等，文献资源多为终稿，基本所有的论文均以全文的形式存在，其首页界面如图 7 - 3 所示。在资源的建设方面，麻省理工注重突出自己学校的特色，不断更新资源种类，来自计算机科学和人工智能实验室的成果文献和从事世界领先性、前沿性的理论和实践研究的斯隆院的成果都被收录其中。这些高质量的资源吸引了很多的用户，知识库每月的下载量几乎超过 100 万次，大大地提高了知识库的利用率。

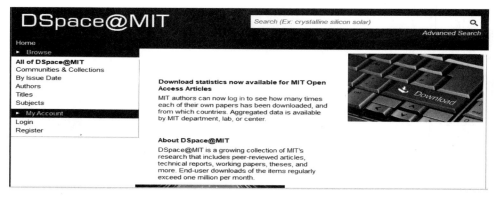

图 7 - 3　麻省理工机构知识库首页界面

注：本图仅用于说明机构知识库框架。

资料来源：麻省理工机构知识库首页 https：//dspace. mit. edu/。

7.1.3　存缴制度的规定

机构知识库良好的存缴制度是其建设与发展的基础。基于此，对国外机构知识库存缴机制与国外开放获取政策中有关开放存缴方面的政策规定进行分析，就显得尤为重要。存缴制度一般分为三类：一是建议性政策，仅就知识库资源的存缴问题提出某种积极的倡导，说明目的、意义及重要性，号召科研人员主动存缴各类科研成果；二是鼓励性政策，建立各种激励机制，将资源的上传、存缴与激励机制相结合，在大学机构里主要是将主动提交资源与学者的评奖、职称评定及绩效考核等挂钩，如高校职称评定时，教师科研成果的数据直接从本机构知识库中提取，不接受其他形式的提交，从而鼓励科研人员主动提交各类成果；三是强制性政策，由机构各相关主管部门下达文件、通知等命令，要求科研人员提交其研究成果，可以限定具体的提交日期和提交内容的格式。在美国机构知识库的建设中强制性存缴所占的比例较高，美国资助机构要求的出版物开放获取时间基本为出版后12个月，如美国国家科学基金、美国国立卫生研究院（NIH）、美国教育部教育研究所、国防部、能源部、交通部、国家航空航天局、国家海洋和大气管理局、农业部、美国地质调查局等。科研机构会根据资源的情况采取相应的政策，但在实际运行中大部分机构采取的是强制存缴与鼓励存缴两个政策并行的做法，比较有代表性的是美国的加州大学和麻省理工学院。

1. 麻省理工学院政策

在2006年3月，麻省理工学院（MIT）就开放获取政策召开了专门的教职员工大会，主要讨论了两个问题：一是严格遵守麻省理工学院的开放获取政策；二是采用麻省理工学院修正案对现行的标准出版协议进行修改，从而维护科研人员必要的权利。2009年3月麻省理工学院制定了主要针对教师员工的开放获取政策：通过员工授权，麻省理工学院可以非排他性公开其员工的学术文章，为了将所有员工（学生、博士后、工作人员）包含进来，在2017年4月开始实施"选择性"开放获取许可（"opt-in" open access license）：通过签署该许可协议，授权麻省理工学院非排他性公开他或她的学术文章（麻省理工学院开放获取政策包括的作者不必签署此协议）。麻省理工学院开放存取政策页面如图7-4所示。

图7-4　麻省理工学院开放存取政策页面

注：本图仅用于说明麻省理工的开放存取政策。

资料来源：https://libraries.mit.edu/news/happy-anniversary/29350/。

2. 加州大学政策

加州大学机构知识库首页中的 UC 开放访问策略（Open Access Policies）明确规定了开放获取的相关内容，其页面如图 7－5 所示。加州大学早在 2007 年就制定了本校开放获取政策草案，并于 2013 年进行了修订，界定了学校对科研人员成果享有的权利。此外，加州大学在 2012 年制定了 OA 基金政策，目的在于资助旧金山分校的科研人员出版开放获取论著和期刊。机构知识库首页中明确规定了开放获取政策。

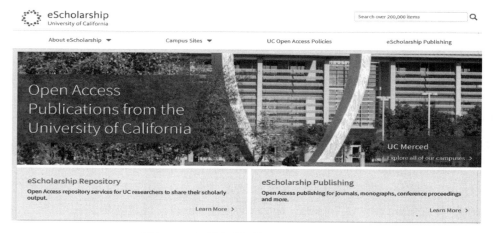

图 7－5　加州大学机构知识库首页界面

注：本图仅用于说明开放获取政策。
资料来源：加州大学机构知识库首页 https：//escholarship. org/。

2013 年 7 月加州大学通过了开放获取政策。政策规定每位教师都向加利福尼亚大学授予非独家、不可撤销的全球许可，以便在任何媒介中行使与其学术文章相关的版权，并授权其他人为此目的而这样做。同时每一位教师应在其成果出版之日向加州大学提供其最终版本的电子副本，以包含在开放存取库中，由此来确保所有 10 个加州大学校园的教师撰写的研究论文免费向公众开放。加州大学作为世界上最大的研究型公立大学，其教职员工每年的科研经费几乎占到美国的科研经费的 8%，其开放获取政策的制定影响深远。2015 年 10 月加州大学颁布的"总统开放获取政策"（Presidential Open Access Policy），扩大了开放获取政策的使用范围，加州大学 10 所分校大学系统及其相关的国家实验室的大学作者和参议院作者要遵守该协议。加州大学在制定开放获取政策时充分考虑到了学术自由，作者可以根据自己的选择或应出版商的要求决定是否向大学授权，在尊重作者的自由选择的同时，鼓励和倡导他们实现开放获取，如规定了豁免政策：在政策之前发布的任何文章以及大学作者签订了不兼容的许可或转让协议的任何文章都不受该政策的限制。也可以推迟开放获取时间，即根据他们自己的选择或出版商的要求，所有学术参议院作者和大学作者可以推迟他们的文章出现的日期。

7.1.4　经验总结

美国机构知识库的发展在世界上来讲是举世瞩目的，究其原因笔者认为主要表现在以下几个方面。

1. 强有力的政策导向

美国机构知识库的发展离不开良好的政策导向。在美国，从国家层面到各机构层面都非常注重开放获取政策，对机构知识库的持续发展起到了很大促进的作用。

（1）国家层面的政策导向。20 世纪 80 年代末，伴随着信息技术的快速发展，全球科技的发展迫切需要科研数据的公开、共享，开放获取政策正好迎合了这一需求，在 1991 年，结合研究全球变化的科研数据管理问题，美国政府专门出台了相关政策，并规定科研数据需要全部公开，之后，美国政府又相续制定了若干政策以推进 OA 的发展。例如《公共获取科学法案》《NIH 提高对科研信息开放获取政策草案》《CURES 中心法案》《联邦研究公共获取法案》《NIH 强制性开放获取政策》《扩大联邦资助科学研究成果获取的备忘录》等相关法令，促进了机构知识库在美国的发展。

（2）各机构层面的政策导向。在开放获取的大环境下，机构知识库已经成为实现资源共享的重要手段之一。为了促进机构知识库的发展，美国的高校、科研院所、科研管理和主要的资助机构均制定了 OA 的相关政策，以确保机构知识库的快速发展。如哈佛大学、麻省理工学院、普林斯顿大学、斯坦福大学等都制定了详细的开放存取政策。机构知识库良好的存缴机制和国家层面的这种自上而下制定的政策保障为知识库建设与发展打下了良好的基础。

2. 完善的版权保护措施

版权涉及作者的切身利益，因此对版权的保护可以提升作者提交各自学术成果的意愿。目前美国机构知识库对版权的保护主要有国家层面的版权法、版权研究项目及版权协议。因为机构知识库中的资源，用户可以浏览并免费下载，因此资源可能未经授权就被复制和传播，严重侵犯了作者的版权，针对此类行为版权法均已明确规定：必须"合理使用"资源、严厉惩处侵犯版权的行为。随后以版权法为基础，还制定了具体的版权政策及版权协议，从而更好地保护了作者的权益，并为机构知识库的可持续发展提供了法律上的保障。

知识共享协议（Creative Commons Licensing）作为一个相对宽松的版权协议，目前在美国已成为解决版权问题的重要手段。例如，麻省理工学院机构知识库，对资源提供者提供的资源根据知识共享协议学院享有一定的使用权，如资源复制、长期保存、翻译等权力。另外，由于签订了知识共享协议，麻省理工学院创立的开放式课件（MIT Open Course Ware）经授权后，其在网络公开发布的课程内容与学校在校生的课程内容一样，因此全球的学生和研究者可以随时随地免费使用。知识共享许可协议目前已在多所高校得到实施。

3. 良好的组织架构及必要的经费保障

机构知识库在建设实施过程中，制定了明确的权责机制，有利于相关工作的开展。调研发现，国外机构知识库基本上都是图书馆负责建设、运营、维护以及对外提供帮助。图书馆具体负责对开放获取理念的宣传与推广，让开放获取理念能深入人心，解读各大基金会开放获取政策具体要求、制定和完善本校开放获取政策、推动本校研究成果在机构知识库中的存缴工作并提供必要的支持。如麻省理工学院、密歇根大学明确规定了图书馆在机构知识库建设中的责任和权利。机构知识库的建设及运行还必须有资金的保障，通过多种方式获取更多的资金是机构知识库长期发展的重要条件。在美国，机构知识库运营的经费主要是依靠高校、科研机构、公共图书馆等建设单位的拨款，但除此之外，还可以借助于其他渠道来筹集款项，比如与商业公司开展合作开发项目或寻求基金会资助等方式来获得资金，这两种方式比较常见。

4. 不断拓展机构知识库的服务功能

机构知识库全面的、个性化的服务能满足不同用户的需求，提高了机构知识库的利用率。浏览和检索服务是机构知识库面向用户提供的最基本的服务。用户可以根据自身的需要浏览机构知识库的相关内容。知识库收录的资源主要以英语为主，同时还涉及多种语言，因此也可以实现多语种检索。机构知识库收录的资源类型多种多样，不但包括传统文献的数字化资源如期刊论文、论著、专利、学位论文、会议论文等，还包括灰色数据、隐性数据以及各种多媒体资源，如不同格式的音视频资料、课件等。美国机构知识库还提供了其他形式的增值服务，比如辛辛那提大学机构知识库不仅展示自己机构知识库的成果，还可以链接到 OhioLINK DRC 并进行检索，在方便了用户使用的同时，进一步加强了其资源共享的水平；加州大学机构知识库提供一整套的开放存取、学术出版服务和研究工具，能够使不同的科研单位、作者紧密地与加州大学进行合作，有利于对资源成果的直接控制。同时某些知识库还设置了专门的板块详细制定机构知识库的相关政策。比如加州大学的机构知识库 eScholarship，单独设置一个"出版政策"模块，此模块详细地向用户介绍了版权的相关政策。

总之，美国机构知识库的发展相对比较完善，给我们带来了很多的启示，机构知识库的建设是一项长期工程，涉及技术、资金的投入，还有法律、政策、知识产权等各方面的问题。在以后的机构知识库的建设过程中，我们要注重整体的宣传，增强合作、争取各界支持，注重资源建设的可持续性发展，借鉴其他国家机构知识库的建设经验，为我国机构知识库的长足发展奠定基础。

7.2　英国机构知识库的建设

英国机构知识库发展水平较高，在欧洲其机构知识库建设数量是最多的，截止到 2019 年 4 月下旬在 OpenDOAR 中注册的英国 IR 有 283 个，其 IR 建设水平目前处于世界第二的领先地位，仅次于美国。认真领悟和借鉴英国知识库的发展，同样对我国机构知识库建设有促进作用。

2000 年南安普顿大学开发了 EPrints，从此 EPrints 被广泛应用到机构知识库的开发中。由此英国机构知识库开始了快速的发展。在机构知识库建设初期，英国采用了由相关机构的集中领导下实现机构知识库的构建的模式。如比较早的是通过 FAIR（Focus on Access to Institutional Resources）组织来呼吁机构知识库的建设，召开相关会议来探讨机构知识库的评价机制，探讨如何促进知识库的可持续发展、如何做好版权保护，以及如何解决机构知识库在建设和使用中遇到的各种问题。有了相关机构的整体呼吁及帮助，加速英国机构知识库的发展建设。

7.2.1　软件应用

EPrints 是由英国南安普顿大学（University of Southampton）开发的免费软件，目前全球范围内使用 EPrints 开发机构知识库的机构也很多，例如英国伦敦大学、匹兹堡大学，还包括澳大利亚、西班牙、荷兰等国家的部分高校。EPrints 是使用 Perl 语言开发，它是革奴计划（GNU）的一部分，能在多种系统中使用。EPrints

具有较大的灵活性，能够支持各种元数据，整合资源。但在我们国内几乎没有机构来使用 EPrints 开发机构知识库，主要是因为他们没有汉化文件，不能直接进行本地化，而且对于出现问题的解决及后期的维护相对比较麻烦。

7.2.2 资源类型

英国机构知识库收录的资源类型仍以期刊论文等传统文献为主，同时还收录未公开发表的会议纪要、研讨记录和报告，以及学术草稿、实验原始数据等灰色数据和隐藏数据。笔者以四所学校为例介绍其资源收录情况。

1. 剑桥大学的机构知识库

剑桥大学的机构知识库（DSpace@Cambridge）成立于 2003 年，正式被 ROAR 收录是 2004 年 9 月，其首页界面如图 7-6 所示。剑桥大学的机构知识库将数字资源按院系、作者、主题、类型进行分类，从而方便用户对所需内容的查找。它还支持用户自存储的功能。剑桥大学机构知识库资源的类型很丰富，包括文章、音频、书章、会议记录、数据集、图像、手稿、地图、专利、简报、软件、论文等多种类型。

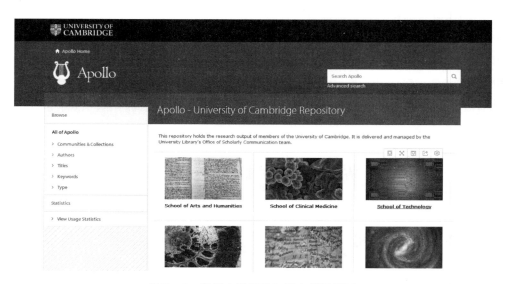

图 7-6　剑桥大学机构知识库首页界面

注：本图仅用于说明机构知识库相关内容。
资料来源：剑桥大学机构知识库首页 https：//www. repository. cam. ac. uk/。

2. 伦敦大学机构知识库

伦敦大学机构知识库（UCL Discovery）为读者提供关于伦敦大学的相关资料，另外伦敦大学的作者可以访问这个网站的 RPS，使用笔者工具来提供更多的信息，其首页界面如图 7-7 所示。UCL Discovery 机构知识库的数字资源按部门、年份、最新情况进行了分类。主要的数字资源的类型包括：文章、期刊、书章、会议论文集、报告、工作/讨论文件、会议项目、设计、展览、软件、人工制品、数学学术资源等。资源主要以英语为主，同时也涉及俄语、法语、日语等常用语言，甚至包括意大利语、芬兰语、葡萄牙语、希腊语等小语种。

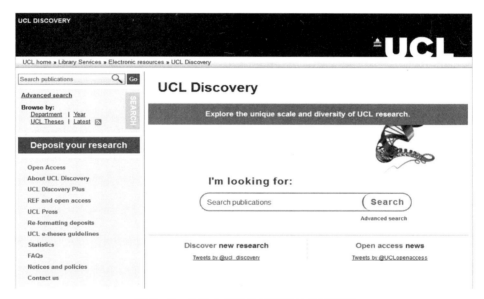

图7-7　伦敦大学机构知识库的首页界面

注：本图仅用于说明机构知识框架内容。
资料来源：伦敦大学机构知识库的首页 http：//discovery. ucl. ac. uk/。

3. 兰开斯特大学机构知识库

兰开斯特大学机构知识库存储的资源类型比较丰富。可以按照年份、主题、部门进行搜索。其资源可以按照音频和视频集、图书、会议、数据库、灰色文学、期刊文章、报纸、特别收藏、标准专利、论文等进行浏览。其中比较有特色的是灰色文献的描述，其认为灰色文献应该包括在对文献的全面或系统评价中，因为它可以：减少积极地发表偏见、提供更广泛的信息，具有浓郁的地方或区域风味、可能比传统书籍或文章更详细。灰色文献包括：报告、讨论文件，工作文件、论文和论文简讯、议定书和准则、临床试验、市场报道、政府文件、白皮书、会议海报和演讲、技术规范等，其中 Twitter 或 Facebook 等社交媒体也可能被归类为灰色文学的一种形式。由于灰色文献尚未通过任何形式的同行评审过程，因此，通过非常仔细地评估材料以决定是否使用它就显得尤为重要。知识库运用 AACODS 清单旨在对灰色文献进行评估和批判性评估，比较具有权威性。兰开斯特大学机构知识库页面如图 7 - 8 所示。

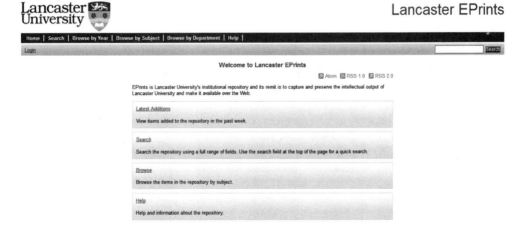

图 7 - 8 兰开斯特大学机构知识库页面

注：本图仅用于说明机构知识库架构。
资料来源：兰开斯特大学机构知识库 http：//eprints. lancs. ac. uk/。

4. 萨里大学的机构知识库

萨里大学的机构知识库（Surrey Research Insight）支持全球的用户利用，主要将数字资源按学术/科研单位、作者、年份等进行划分，并且在首页上给出最新的数据资源，从而方便用户进行使用，其首页界面如图 7 - 9 所示。萨里大学机构知识库的资源按照类型浏览主要包括文章（32131 项）、工作文件（78 项）、书章（2561 项）、专著（208 项）、报告（378 项）、会议/工作项目（9330 项）、论文（5569 项）、专利（77 项）、展览（3 项）、人工作品（12 项）、表演（2项）、数据集（54 项）、数字资源（3 项）、其他（502 项）。

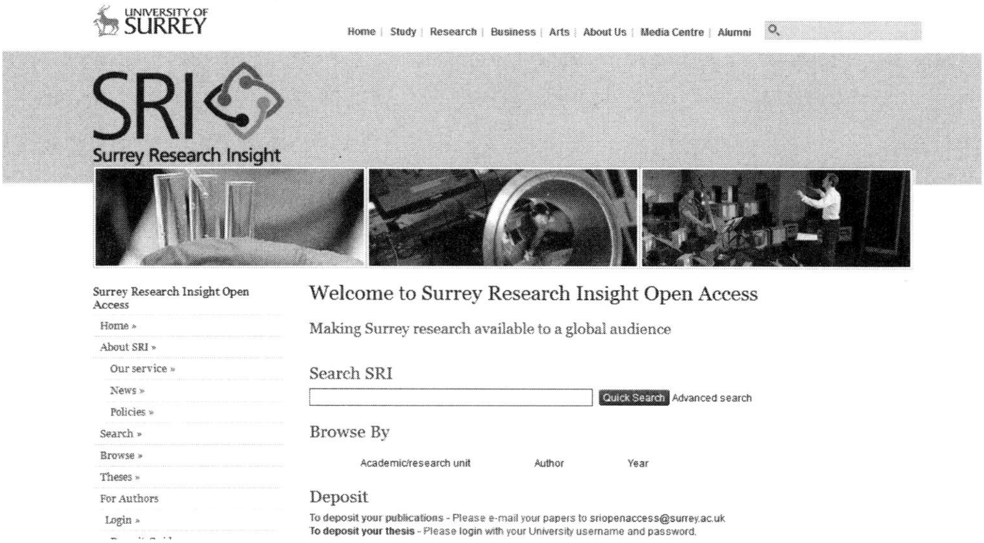

图 7 - 9　萨里大学机构知识库首页界面

注：本图仅用于说明机构知识库的内容。

资料来源：萨里大学机构知识库首页 http：//epubs. surrey. ac. uk/。

7.2.3　开放获取政策

机构知识库建设的目的是促进资源的共享，因此，在知识库政策的规定方面对开放获取政策进行说明就尤为重要。在英国，剑桥大学是第一所在开放研究上发表立场的大学。剑桥大学致力于尽可能广泛地传播和保存其研究和奖学金。为了履行这一承诺，大学支持其研究结果可以自由获取和重复使用的原则。如牛津大学从三个层面对开放获取政策进行了详细的说明："从社会层面，能促进成果的共享，推进社会的发展；从学校层面，能加强科研成果的交流，提高学校的声誉，使资源能被更多的受众所知悉；从作者层面，可以永久的保存期研究成果并使其学术成果有更高的认可度。"

7.2.4　经验总结

英国的机构知识库建设目前位居世界第 2 位，总结经验主要有以下几点。

1. 政策的支持

英国的开放获取政策首先在英国的教育机构内部相继展开。英国南安普顿大学机构知识库建设比较早，其开放获取政策制定的比较完善，在实践中取得了良好的效果，具有领先水平。南安普顿大学机构知识库开放获取政策的重点是规定了存缴政策，并提倡可以自由获取所有的学术数据和科研成果。在资源的存缴方面，实行强制性存缴政策，要求全校科研人员主动存缴其科研成果，在遵守版权协议的情况下，其他用户可以对其资源进行存取使用。与此同时，英国的科研和资助单位也发布了开放获取政策。例如，英国研究理事会于2006年发表关于开放获取的要求，规定英国研究理事会资助的所有项目，其项目承担人因此项目所发表的期刊论文和会议论文，必须提交到南安普顿大学机构知识库中，同时要求将出版商网站链接等与资源相关的元数据也要一并储存到南安普顿大学知识库中去。此后，理事会的其他成员机构也发表声明，表示遵守理事会的声明并结合机构自身情况制定相关的政策。在英国，良好的政策导向促进了机构知识库的良性发展。

2. 经费的保障

机构知识库的建设离不开经费的保障，英国机构知识库的建设资金主要来自政府对学校的拨款，高校机构知识库的建设基本由高校图书馆承办，但是仅靠政府拨款还不足以满足知识库的建设。因此，通过各种渠道寻求基金会的资助及寻找合适的行业公司进行合作就成为常见的方式。南安普顿大学在进行EPrints软件研发的时候就积极地寻求了英国联合信息系统委员会（Jisc）的资助，解决了资金的问题。当然Jisc同时还资助其他众多机构知识库项目的运行。所以通过多渠道筹措资金可以很好地缓解机构的财政压力，以利于机构知识库的持续发展。

3. 机构知识库联盟的建设

伴随着机构知识库快速的建设和发展，各个机构之间开始互利合作，出现了一种新的建设发展模式，即机构知识库联盟。联盟建设的方式主要有两种：一种是国家出面制定政策，将各机构联系在一起组成国家层面的机构知识库联盟；另一种是机构与机构之间的联盟，即公共图书馆、高等院校、科研机构等组成的机构知识库联盟。目前，英国已经有多所学术机构联合进行机构知识库联盟的建设或者共同开展机构知识库的专门项目。

Jisc RepositoryNet是英国国家层面的机构知识库联盟，它不仅存储由Jisc内部成员产生的科研资源，也接受Jisc资助机构科研成果的数字档案，其页面如图7-10所示。为了建设国内机构知识库网络，更好地实现资源的传递，Jisc鼓励高等院校将学术成果提交到知识库中，在没有特殊权利保留的情况下，根据知识共享（CC）协议，可以实现全球范围内的知识共享。Jisc RepositoryNet通过Jisc

资源的共享、再利用，不断支持英国及其他地区教育技术应用及发展。

图 7 - 10　Jisc 知识库页面

注：本图仅用于介绍机构知识库框架内容。
资料来源：Jisc 知识库 http：//repository. jisc. ac. uk/。

　　除此之外，英国电子银行（eBank UK）也是大型的国家项目。eBank UK 将研究数据、学术交流和学习联系起来，该项目旨在建立从电子研究到电子学习的链接。eBank UK 倡议是在 Jisc 信息环境的背景下设定的，支持最终用户发现、访问，使用和发布资源，作为其教学、学习和研究活动的一部分。eBank UK 将化学家，数字图书馆员和计算机科学家聚集在一起，开展跨学科合作，探索通过使用常见技术（如元数据收集开放档案倡议协议（OAI - PMH））将研究数据集整合到数字图书馆。目前，eBank UK 已经在晶体学和数字图书馆社区中广泛传播，项目所呈现的事件的完整列表可以在页面上找到，同时还有演示文稿或文章。eBank UK 英国项目在多个方面获得了 Jisc 的资助建立，同时也与许多大学建立合作项目，如南安普顿大学 Combechem 项目和曼彻斯特大学的 PSIgate 物理科学信息门等。英国是从国家层面比较重视机构知识库的发展，以建设国家级仓储为目标，从而推动各领域机构知识库的全面发展。

　　英国的机构知识库的发展建设给我们以很大的启示，在机构知识库的资源类型及政策制定方面，我们还有很大的差距。借鉴英国的发展经验，知识库的建设要从国家层面进行重视，不断丰富资源类型、制定政策加以保障，并不断提高知识库的服务功能，才能真正发挥知识库的价值。

第 8 章

中国机构知识库的建设

中国知识库发展比较好的是香港和台湾地区机构知识库。香港与台湾地区知识库的建设始于 2002 年，在近 20 年的不断努力下，香港和台湾地区机构知识库的建设日趋完善，建设经验也逐渐成熟。截至 2019 年 4 月，香港和台湾地区在 Open – DOAR 上注册的机构知识库为 67 个。其中香港地区 6 个，台湾地区有 61 个。本章先对香港和台湾地区的机构知识库建设加以介绍，探讨香港和台湾地区机构知识库的建设特点，然后本章会对内地（大陆）其他高校机构知识库的建设特点、历程、采用的软件、模块内容和功能等进行介绍。

8.1　中国香港地区机构知识库的建设

香港地区的香港科技大学图书馆 2003 年已建置第一个机构知识库，是香港地区建设最早的机构知识库。其后，机构知识库联盟被提上建设日程。2006 年香港机构知识库整合系统成立，其整合了香港大学教育资助委员会资助的 8 所大学院校，即香港大学、香港理工大学、香港城市大学、香港浸会大学、香港科技大学、岭南大学、香港教育学院和香港中文大学的资源，提供集中展示。香港地区的机构知识库借用香港科技大学的技术优势和建设经验，开始不断发展。下文我们着重介绍香港科技大学机构知识库和香港大学学术库的发展现状。

8.1.1　香港科技大学机构知识库

香港科技大学简称香港科大（HKUST），作为一所国际性研究型大学，它成立于 1991 年 10 月。其优势学科是商科和工科。它面向世界，锐意进取，努力创新，发展迅速，在短时间内就成长为国际知名大学。近年来它与中国内地的许多高校均有合作，共同发展。它的快速发展对香港社会向知识型社会转型起到了积极的推动作用。QS2018/2019 年亚洲大学排行榜中香港科技大学排第 7 位。

1. 建设过程

（1）建设初衷：香港科技大学图书馆自成立以来，锐意进取，一直致力推行图书馆数位化计划，该图书馆于 2001 年加入了南太平洋资源中心，表明了它对开放存取概念的早期支持。2002 年 11 月，参加了加利福尼亚理工大学图书馆举办的一次关于电子印刷品的工作人员发展讲习班，提倡开放存取倡议。图书馆在工作坊结束后决定兴建香港科大院校资料库，目的是以数码形式实现该学院学术成果的永久记录，并让该资料库在全球范围内公开进行查阅。

（2）建设模式：在 2002 年，"院校资料库"在香港是一个相当新的概念，很多人都不了解，所以图书馆采用"自下而上，由小到大"的方法兴建机构资料库。首先从小项目入手，原因是小的项目相对来说容易展开，同时自己的投入相对也较少。通过项目的不断进展，再与学院及大学行政当局接触，通过宣传不断深化院校资料库的作用及发展前景以及可以给相关方带来的利益，从而取得支持、扩大规模。通过前期的筹备，2002 年 11 月组建了工作队，负责评估和选择储存库的软件，建立信息检索系统，制定行动计划。早期主要的决策机构是图书馆行政委员会，负责规划的阶段核准。

（3）软件的选择：现在机构知识库的软件相对较多，但在 2002 年，机构知识库的软件选择还是受到限制的。经过比较，最终图书馆决定使用开源软件。因为它能灵活的实现本地定制和功能增强。当然软件成本的大幅节省也是一个考虑因素，当时图书馆没有为信息检索项目获得额外资金，由此工作队决定将重点放在支持 OAI－PMH（开放存取版权－元数据收集协议）的开放源码软件上。通过对不同开源软件的评估，最终图书馆决定采用 DSpace。后期又使用了 Vufind。

（4）资料收集：建设初期，为更多地收集研究成果，工作小组付出了很大的努力，通过各种途径来收集资料，比如通过访问学校、各学院、各研究所及教师个人网站来获取其网页中的研究成果。通过调查学术部门，收集工作文件和技术报告。当然图书馆非常注重版权保护，在收集的过程中，提交文件的作者都要选择是否愿意将刊物存放在资料库内。图书馆还鼓励作者与出版商谈判，以保留其自我存档的权利和个人教育使用的权利。

2. 机构知识库功能介绍

香港科技大学机构知识库采用英文界面如图 8－1 所示，统计显示该存储库中的文档在上个月访问量为 23038 次（不包括大多数机器人访问），自 2004 年10 月以来访问量为 2371509 次。由此可见，机构知识库的影响相对较大。

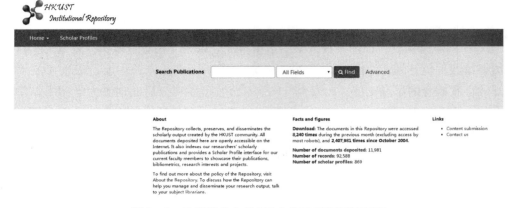

图 8-1 香港科技大学机构知识库首页界面示意

注：本图仅用于说明香港科技大学机构知识库结构。

资料来源：http：//repository. ust. hk/ir/。

香港科技大学机构知识库整体界面设计比较简单，迎合了用户的使用习惯，将搜索栏放在显眼的位置。设置了全文检索，可以输入题名、作者、期刊标号、主题、国际标准书号、国际标准刊号等进行检索。同时也设置了高级检索，用户可以根据需要设定条件或添加字段，来快速地查找自己需要的信息。浏览界面主要是关于机构知识库的简单说明、事实与数据、内容的提交方式等相关链接。

首页中包含了两个子条目，即香港大学机构知识库介绍及香港大学学术出版物数据库（SPD）。

（1）关于香港科技大学机构知识库的介绍。香港科技大学机构知识库是知识收集、保存和传播香港科技大学社区创建的学术输出系统。此处存放的所有文档均可在 Internet 上公开访问。它还为本校研究人员的学术出版物编制索引，并为本校现有的教师提供学者档案界面，以展示他们的出版物，文献计量学，研究兴趣和项目。该储存库于 2003 年 2 月推出，是香港首个此类储存库。在香港科技大学工作的任何教师，学术相当的工作人员，博士生或研究助理都可以向知识库提交文件。知识库不仅为全球研究人员提供无障碍通道，还为大学和撰稿人带来了优势：使用强大的标准兼容基础架构，为研究输出提供开放和永久的住所并有利于增强科大研究的获取和可见度。研究表明，开放获取文章的引用率明显高于传统发表的文章。通过提供与单个项目以及作者研究组合的简单和持久链接，加强知识的沟通和交流。

（2）关于香港科技大学学术出版物数据库（SPD）。香港科技大学学术出版物数据库是香港科技大学机构知识库（IR）的子集，其页面如图 8-2 所示。它包含香港科技大学学术出版物的索引，并载有香港科技大学的学者资料，其中包括研究人员的产出，影响和专业知识。另外它提供了 SPD、HKUST 论文和 Data-Space @ HKUST 的切入点。

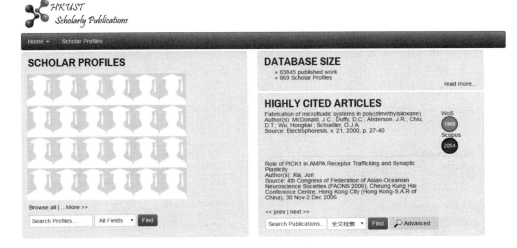

图 8 - 2　香港科技大学学术出版物数据库界面示意

注：本图仅用于说明香港科技大学学术出版物数据库结构，为保护学者个人信息图片为处理后的效果图。

资料来源：http：//repository. ust. hk/ir/sp。

SPD 中包含了 81788 项发表的作品及 768 个学者档案。存储了各种类型的研究出版物，包括期刊文章、会议论文、书章、图书、专利、学术书评、数据集等。同时也展示高被引论文，以便用户查看研究热点及发展趋势。SPD 从数据库 Scopus、Web of Science 中检索传统的引文计数和 Almetrics 数据以此来衡量出版物的网络注意力，如图 8 - 3（a）所示。点击高被引文章，可以显示该成果的具体信息，包括作者、发行日期、资源、摘要、主题、语言、格式及访问等。SPD 不包含出版物的全文但它提供了通过各种来源定位全文的链接，如果一份刊物的版本已公开存放于科大机构资料库内，便可随时查阅，如图 8 - 3（b）所示。也可以将出版物导出到 ORCID 配置文件，配置文件所有者可以使用"导出"功能将 SPD 中列出的出版物推送到其 ORCID 配置文件。要使用此功能，则必须使用知识库开发的系统将 SPD 配置文件与 ORCID iD 链接。

Scholar Profiles 是学者档案。香港科技大学所有全职教师均有学者简介，每个概要文件都包含出版物、文献计量、研究兴趣三个方面。出版物主要列出研究成果，包括加入香港科技大学前出版的刊物；文献计量学主要来源包括 Scopus、

Web of Science 和谷歌 Scholar 的引文计数和索引，摘要链接到 ORCID iD 和其他学者网络。研究兴趣展示了学者比较活跃的研究项目。图书馆创建并维护现有教员的个人资料，这些教员也可以通过登录 SPD 更新他们的信息和出版物。对于离开香港科技大学的学者，资料仍保留在资料库内，但不会增加与香港科技大学无关的新刊物。如有任何问题，如资料遗失或资料更新，可以联络图书馆社会保障组。学者档案中可以点击"学者主页"可了解更加详细的信息。在学者主页中会详细展示学者所在的院系、所发表的重要成果、获得的重要奖项及其主要的工作经历。根据学者的主要介绍，用户可以与学者进行交流沟通，促进知识的合作与共享。同时还提供共同作者图这个交互界面，如图 8 - 4 所示，将研究人员的协作网络可视化。用户可以通过过滤发布年份或合著者节点来优化显示。

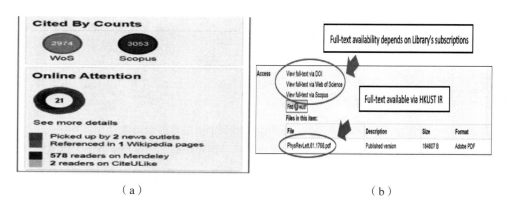

（a）   （b）

图 8 - 3　香港科技大学学术出版物数据库结构示意

注：本图仅用于说明数据库结构相关内容。

资料来源：香港科技大学学术出版物数据库 http：//repository. ust. hk/ir/sp。

　　查看学者的信息也可以直接在条目 scholar profiles 中查看，用户可以通过出版物查看学者，也可以输入姓名、研究兴趣等关键词进行检索，还可以按照部门搜索，页面详细列举了香港科技大学所有部门及部门学者的人数，以缩小范围查找。

　　香港科技大学机构知识库是香港首个机构知识库，开创了香港地区机构知识库的建设的先河。在后期的运行中香港科技大学不断改进技术手段，以给用户提供最大便利的服务，积极迎合开放获取运动实现文章的全文下载，为促进香港地区机构知识库的发展做出了很大的贡献。

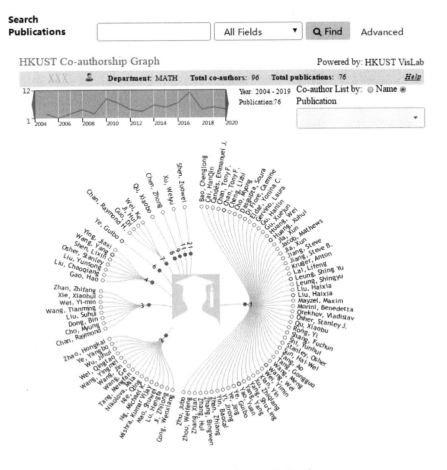

图 8 - 4　共同创作者展示界面示意

　　注：本图仅用于说明香港科技大学共同创作者图形，为保护学者个人信息图片为处理后的效果图。

　　资料来源：http：//repository. ust. hk/ir/coauthor/graph/jfcai。

8.1.2　香港大学学术库

　　香港大学（The University of Hong Kong）是一所公立研究型大学。1910 年 3月 16 日成立，正式注册于 1911 年 3 月 30 日，是香港历史最悠久的高等教育机构。香港大学在 QS2018/2019 年亚洲大学排行中位列第二。

　　香港大学机构知识库即香港大学学术库是响应大学知识交流政策而建立的知识管理系统。香港大学学术库的特点是数据来源丰富并拥有合理的设计理念，因此香港大学学术库目前已成为展示本校科研人员和学术成果的统一平台，也是校内外科研人员进行交流与合作的有效载体，为香港大学的快速发展打下了良好的基础。

1. 建设过程

（1）建设缘起：2009 年大学教育资助委员会倡导其资助的院校开展知识转移项目。因此，香港大学制定了知识交流政策，其中包括建立香港大学知识交流数据库，同时还规定了衡量标准即开放存储的研究成果的数量。香港大学于 2009 年签署了关于科学知识和人文知识开放存取的《柏林宣言》。在 2010 年制定并通过了香港大学学术库的开放获取政策，此项政策要求本机构科研人员要最大限度地将本人科研成果及灰色数据存储到香港大学学术文库中，便于用户使用，实现开放获取。由于香港大学学术库的开放存储的理念与知识交流的目标十分吻合，因此被香港大学知识交流办公室选定为推进、展示和衡量知识交流的平台。学术库工作人员以此为契机，重新构思、规划，以期新增和强化本机构学术库功能。

（2）软件应用：学术库建立于 2005 年，采用了 DSpace 开源软件。在知识交流办公室的支持下，图书馆选择与 CINECA 合作，对 DSpace 进行了二次开发，加入了对其他研究对象的描述，例如学者资料和机构信息及其相关属性以及专业会员、文献计量信息等。运用 Luene 搜索引擎可搜索所有研究对象及其属性，并使之呈现于用户界面。

（3）资料的收集：香港大学对于资料的收集主要是通过"内部搜索与外部搜索"相结合的方式完成了数据的整合。香港大学设有研究成果申报系统，鼓励学者将每学年的科研成果自主申报系统，以此作为对学者的年度科研考评依据。自 2007 年起，学术库开始从该系统中提取期刊论文、会议论文、书籍等出版物信息。作者可以在系统中附加原稿，并选择将该信息传送至学术库中。学术库除了展示引文资料外，在出版政策允许的情况下，会将原稿以开放存储的形式展示。自从知识交流项目开展以来，学术库已提取了包括专利、编辑职位和其他研究相关的大量数据。外部收集主要借助于 Web of Science 和 Scopus 两个影响比较大的数据库来获取香港大学的相关科研成果。

2. 机构知识库内容介绍

香港大学学术库网站包括成果、研究人员、组织、资助、数据集、论文、专利、社区服务等条目，主页有一个"快速搜索"，在此表单中输入相关术语搜索整个集合，并可从作者、标题、摘要或系列名称等字段中检索具有匹配单词的记录。主界面还显示特色学者、中心新闻、相关链接等板块，首页界面如图 8 - 5 所示。

图 8 - 5　香港大学学术库首页界面示意

注：本图仅用于说明香港大学学术库内容，为保护学者个人信息图片为处理后的效果图。
资料来源：https：//hub. hku. hk/。

（1）成果：学者库中的成果可以通过热门社区、发行日期、作者、标题、学科、出版类型、期刊/会议、编辑等条目进行浏览，也可以通过过滤器进行搜索以获得所需要的信息。截至 2019 年 3 月，通过搜索，香港大学成果数量为179229 项，具体资源类型及数量如图 8 - 6 所示。成果语言种类多样，主要以英语为主（17325 篇），还包括中文（5575 篇）、日文、法文、德文、西班牙文等。

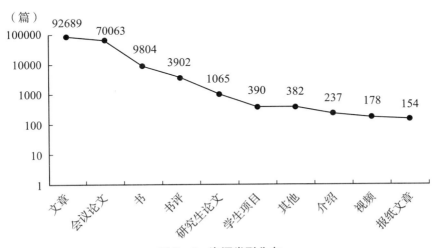

图 8 - 6　资源类型分布

资料来源：笔者整理所得。

（2）学者界面：学者可以通过院系、研究人员、所获荣誉、委员会任命、专业社团、社区服务、资助等条目进行分类浏览。学者界面主要涉及学者的简介、成果、资助情况、大学责任、对外关系（包括讲座情况、知识库交流、社区服务）等信息。可以查看与学者合作的作者，并通过可视化的方式展现，如图 8-7 所示。

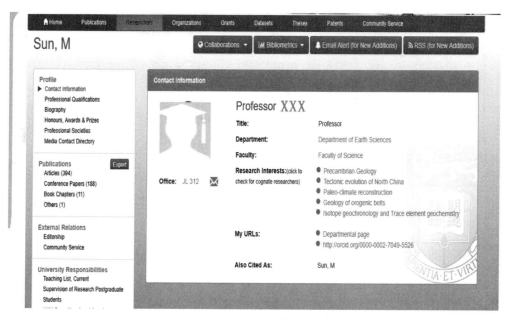

图 8-7　香港大学学者展示界面示意

注：本图仅用于对学者界面的介绍，为保护学者个人信息图片为处理后的效果图。
资料来源：https：//hub.hku.hk/cris/rp。

社区服务：香港大学的员工为香港社会和国际社会做出了很多的贡献。页面显示了从 7 月 1 日起至当前学年的贡献情况。当前和回顾性社区服务数据也显示在香港大学研究员工作人员页面上。社区服务一般是指通常在香港政府民事及杂项清单中公布的国际、地区和地方议会、政府部门的委员会和工作组、私营公司为政府或社区组织开展的专业协会和高等教育机构或公共机构的准政府组织机构等活动场所提供的自愿服务。

香港大学学术库突出了学校的特色学者，为读者提供了学校近期发生的新闻，动态感较强。在相关链接中，能查看到学校排名靠前的科学家、开放获取政策及文章的使用下载等情况。在注重知识库的基本应用时，也能不断增强知识库的拓展功能。已成功转变为科研信息管理系统的香港大学学术库，积极地促进了学校和科研人员的研究评审工作，提高了声誉管理水平，同时也成了香港大学学者与外界交流的重要平台，给外界用户提供了多元丰富的信息，切实展示、促进和衡量了知识交流在香港大学的发展。

8.2　中国台湾地区机构知识库的建设

随着机构知识库在全世界的迅猛发展，台湾地区开始了本地机构知识库的建设工作。在时间上，台湾地区机构知识库的建设起步虽晚于香港，但在建设数量、质量和发展上都优于香港，在中国可以说是名列前茅。在台湾地区通常以机构典藏指代机构知识库。机构典藏是指一个机构以数位的方法将其科研人员（含学生）的科研成果进行保存，通过网络平台为用户提供查询、搜索、交流、下载和开放获取功能的系统平台。这个系统平台的资源内容不仅涵盖了传统的期刊论文、会议论文、专利等，还包含图片、教材、音视频、研究报告等多种形式的资源。其功能设置中有供学者沟通交流的平台，成为本机构学者研究成果得以快速传播的有效路径，其本身并不替代期刊发表。下面我们就来分析一下比较有代表性的台湾大学机构典藏和台湾学术机构典藏。

8.2.1　台湾大学机构典藏

台湾大学简称台大，是一所公立研究型综合大学，在国际上享有较高的声誉，对台湾历史的发展有着重要影响，享有"台湾第一学府"的美称。台湾大学的机构典藏是以台大为基础的，因此我们先来介绍一下台湾大学机构知识库的发展情况。

1. 建设历程

（1）建设初衷。作为台湾地区最负盛名的高等学府，台湾大学引领了台湾地区科学研究的发展趋势，随着台湾地区各类科研成果的日益丰富，出现了数据分散，存储零乱，搜索曲折的问题，急需一个标准的、统一的、权威性的机构对所有科研资源进行存储，由此提出构建台大机构典藏系统，对研究人员而言可以永久地保存其研究成果并提供交流的平台，以利于资源的利用；对学校而言，完整地呈现学校的整体科研实力与成果，提高学校的知名度；对于政府机构而言，能更容易的评估大学的学术研究能力。

（2）建设进程。早在 2003 年，台湾大学以 DSpace 1.4 为基础开发数字典藏资源中心。2004 年 6 月进行"台大博硕士论文资料库建置计划"。2005 年 5 月，台湾教育主管部门委托台湾大学图书馆进行"建置台湾学术研究资源中心运作架构、机制与执行策略计划"，将知识库的建设作为重要工作。2006 年 6 月开始，台湾地区规划建置台湾机构典藏，以台湾大学为机构典藏的营运范例。2007 年 5 月，台湾大学行政会议讨论"台大机构典藏计划"，获得了广泛的支持。2007 年 6 月，有关部门发函各单位，要求教师在研究计划结束后须同时上传电子全文至 NTUR（台湾机构典藏系统）。此后，台湾大学行政会议通过《台大机构典藏系统作业要点》，并举办数次说明会，以加快建设进程，并将其作为全台湾各大学院校建置机构典藏的参考。

（3）组织与推广。台湾大学在机构知识库的建设伊始面临着很多问题。为顺利推进机构知识库的建设，台湾大学在全校范围内进行广泛宣传，并制定了相关的政策。为机构知识库的资源建设提供了保障，通过机构知识库建设专门会议，深入开展相关政策的宣传工作，让全校科研人员和学生真正领会建设机构知识库的重要性，动员各学院主动参与，为保证效果，要求各学院派专人具体参与建设和管理。除此之外，还在图书馆组建了专业团队，具体实施机构知识库的组织宣传和管理培训工作，负责召开各种会议，如宣传会、专题讲座、业务培训等，借助于互联网手段，利用学校、学院特色网站进行宣传推广，不断取得相关人员的认同，促进知识库的发展。

2. 知识库内容介绍

台湾大学机构典藏是以 DSpace 1.4 beta 为基础进行研制开发，扩充了其功能并进行了汉化处理，其首页界面如图 8 - 8 所示。机构知识库提供三种语言的切换，分别是英语、正体中文和简体中文，用户可以通过查询和浏览等主要的功能获取所需要的信息，主页上还显示全文量及上传量、下载量、用户访问量等信息，可以直观地看出机构知识库的使用情况。

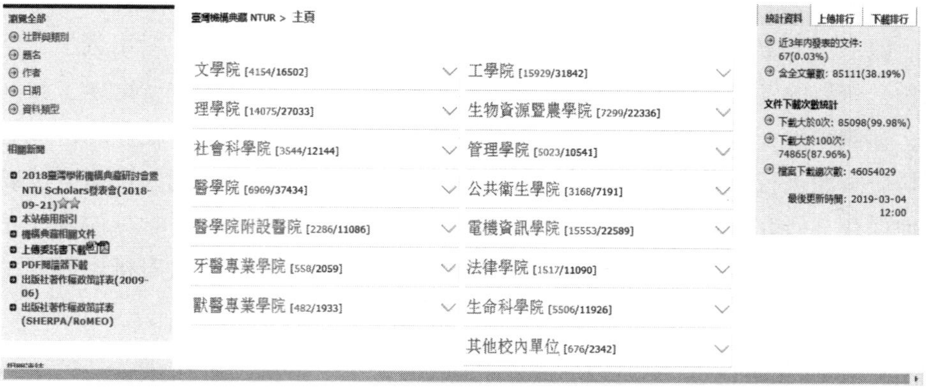

图 8 - 8　台湾大学机构典藏库首页界面

注：本图仅用于说明机构知识库内容。

资料来源：台湾大学机构典藏库首页 http：//ntur. lib. ntu. edu. tw/。

（1）浏览服务：台湾大学机构知识库的浏览途径较多，可根据不同的条目进行搜索，如社群与类别、题名、作者、资料类型等。点击"社群与类别"，会看到共有 15 个部门，如文学院、管理学院、法律学院、理学院等，其中还包括学校的部分职能部门。点击"某学院"就进入到该机构下设的机构，以文学院为例，如图 8 - 9 所示，文学院包括中文系、历史系、哲学系、艺术史研究所、语言学研究所等部门，各部门的成果是以成果类型的方式进行分类展示并体现具体数量，成果类型比较丰富，多数学院都设置了会议论文、期刊论文、教材、硕博论文、论著等，有些学院如艺术学院会根据其专业需求设置独特的资源类型。点击"资料类型"，能更详尽的知悉机构库所收集的文献类型，从中可以看出硕博论文、期刊论文占大部分，其中也包括相当数量的灰色资源，如根据资料显示未出版的研究和工作报告也占了很大的比例。

图 8 - 9　台湾大学文学院界面

注：本图仅用于说明文学院界面。
资料来源：http：//ntur. lib. ntu. edu. tw/community - list。

（2）拓展服务：台湾大学机构典藏比较注重知识库的拓展服务功能。在知识库首页的右上角就设有数据总量和全文数量、访问人次和在线人数等多种实时统计信息。截至 2019 年 5 月，台湾大学机构典藏总笔数为 222853 笔，总全文笔数为 8511 笔，占比达到 38%，访问人次达到 21285051 次，文档下载次数为 46821214 次。同时设有上传排行与下载排行，其中上传排行榜可以按社群、作者浏览。例如按照社群进行浏览，排在首位的是电机工程学院，其次是化学系。下载排行榜可以按社群、作者、文件名进行浏览。下载排行中居于首位的依然是工程学院，其次是化工学院。通过上传排行，可以看出台湾大学各院系之间资源产出的不同情况，分析学校的优势学科。通过下载排行，用户可以比较容易地分析出质量较高的资源，排名靠前的一般指成果质量、水平较高。用户也可以查看到学者的排名。在机构知识库中设置学者排名有利于提高作者的知名度，从而激励作者更积极主动地上传学术成果，实现高质量的资源聚合。

（3）版权保护：在版权保护方面，目前大部分期刊出版社允许将已经发表的论文存储到机构知识库中供读者查阅，并许可建立全文索引供用户检索并下载。对储存在此机构知识库中的文献全文，如果没有著作权让渡问题，用户可以全文下载并使用。如果该机构知识库内有学者提供的文献全文，但无全文取得权，则只提供用户全文检索；若本校已购买该文献所属的资料库或电子期刊，那么用户也可下载全文，否则，用户可根据此机构知识库提供的书目或出版社付费下载。也就是说如果此机构知识库没有储存全文，它就会为用户提供该文献的书目检索。当然机构知识库的典藏政策要根据不同的出版社的不同限定条件来制定。在实际运用中，图书馆设有专门人员具体对接版权问题，确认出版社对于版权政策的相关规定。对于出版社版权有限制的，只开放书目，对于无限制的可以实行全文下载，并将结果在知识库的网站上予以公布，以便于使用者知悉。另外所有上传者均需详读"著作典藏同意书"，如图 8 – 10 所示，并确认签署同意后，才可上传。

图 8 – 10　著作典藏同意书界面

注：本图仅用于说明典藏制度。
资料来源：http：//ntur. lib. ntu. edu. tw/help/zh – TW/index. jsp。

8.2.2　台湾学术机构典藏

台湾学术机构典藏（Taiwan Academic Institutional Repository，TAIR）是台湾

科研成果的入口网站，保存和展示了台湾全部学术机构的科研成果，是台湾教育主管部门委托台湾大学图书馆进行建设的。为了充分展示各成员机构的科研成果，TAIR 以书目资料的形式汇集了各成员机构的研究成果，因此用户对所需要的台湾地区的科研成果可以很方便地检索、收集和使用，同时，如果需要，也可以通过书目资料的网址直接链接到最初的学术机构典藏系统，从而获得所需要的资源。可以说，台湾学术机构典藏的建立，不仅充分展示了各成员机构的研究成果，也极大地提高了成员机构的相互间的交流与合作。

1. 建设历程

（1）建设初衷：在 2005 年之前，台湾地区没有一个统一的平台可以整合整个台湾的科研产出。为方便学者对于资源的查找，提高台湾地区科研成果的知名度，由台湾大学图书馆主导开展"建置机构学术成果典藏计划"，通过联盟形式，实现资源的跨机构检索，从而整合台湾地区的学术资源，收集、保存、共享台湾所有研究机构的科研成果，这一系列举措都是由台湾教育主管部门授权的，因此在台湾地区范围内开始了机构知识库的建设工作。

（2）计划推广：台湾大学受命于台湾教育主管部门的委托，出台了台湾地区机构典藏联盟建设的长期计划，即"IR30 计划"，确定了"一个中心机构、多个种子机构、众多参与机构"的长期发展模式，如图 8 – 11 所示。台湾大学图书馆作为该计划的中心机构，负责在各个城市中选取种子机构，各种子高校所在区域的其他高校为参与机构，进行机构典藏的建置。在该项目中，台湾大学发挥引导和带头作用。通过分析对比，台湾大学选取了本地区的台湾"中山大学"、台湾"交通大学"、修平技术学院、昆山科技大学、成功大学、台湾"清华大学"、暨南国际大学七所大学作为种子机构，在台湾大学的具体指导和帮助下，负责本校机构知识库的建设。同时，这七所院校还有一个重要任务就是鼓励、引导其所在区域的其他高校参与到机构知识库的建设中来。另外，种子机构还需要与参与机构分享和交流机构知识库的建设经验，共享建设平台和技术成果，同时负责参与机构的人员培训，帮助其掌握系统平台的使用等专业技术。参与机构则负责选择专业人员积极配合，力争以最快的速度建立本机构的机构典藏库。这种经实践检验证明可行的"中心机构＋种子机构＋参与机构"三者联盟发展模式，为各联盟机构间的学术交流与合作搭建了平台，促进了台湾地区机构典藏库的快速发展。

2. 知识库内容介绍

台湾学术机构典藏目前的参与院校有 139 所，机构知识库的参与成员按照不同的层级可分为一般大学 58 所, 技术院校 69 所, 其他机构 12 所。按照不同的地区进行设置, 显示北区 53 所、中区 33 所、南区 46 所、东区 5 所、外离岛 2 所。截至 2019 年 4 月, 研究成果的总笔数为 2246973 笔, 实时显示访问人数及在线人数, 其中, 访问次数达到 8111502 人次, 机构知识库可实现有简体中文、繁体中文和英文三种语言的切换。首页中首先有关于本机构库的简单介绍, 说明本典藏库是由台湾教育主管部门统一规划并委托台湾大学建设的。

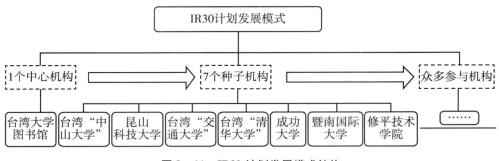

图 8 – 11   IR30 计划发展模式结构

（1）检索方式：TAIR 提供搜寻和浏览 2 种检索方式。

搜寻功能：搜寻功能包括简单搜寻和进阶搜寻两种方式。简单搜寻, 用户可以根据自己的需要输入关键词进行检索。进阶检索, 相当于高级检索, 可以界定搜寻的范围, 并可使用逻辑运算, 选择作者、题名、资料类型、主题、摘要、其他、语言等字段进行深层次的搜索, 输入相应的检索词即可。

浏览功能：可通过勾选“典藏机构”“作者”“题名”“日期”来检索所需要的文献资料。如果点击“典藏机构”进行浏览, 所看到的界面设计的比较详细, 共分为五个层次。第一个层次显示有一般大学, 技职院校和其他机构三个项目；第二个层次是以上三个项目下设所有机构的链接, 采用红色的五星标志进行标明, 具体显示下设机构的资源成果的全文笔数与总笔数；点击“检视社群列表”的字样, 进入到第三个层次, 显示的是每一个机构下所拥有的社群单元, 统一以绿色十字标志标明, 并注明全文资料数量和总资料数量, 使用者如果想订阅, 可以点击链接下方的 RSS 图标。如图 8 – 12 所示, 其中显示某大学所属的院系及其成果数量情况。

（2）统计分析：TAIR 系统用于对资源进行统计分析的图表常用的有四种, 即用于查询机构分布情况的机构分布地图；和用于查询资源信息的笔数分布图、笔数成长图以及机构资源数量排名图。其中机构资源数量排名图, 详细列举了从 2010 年以来每一年每一月的机构典藏资源总数量的机构排名。数据显示每月前

10 名的结果，目前排名前三位的相对稳定，分别是台湾大学、台湾"交通大学"、成功大学。但排名靠后的机构在不同年份、不同月份，随着时间的推移，机构知识库的资源数量增长幅度会有所变化，所以排名顺序会发生相应的变化。通过排名，可以展现运行比较成功且平稳的机构知识库的数据量，体现不同机构科研成果水平，为机构的整体评估提供数据参数。

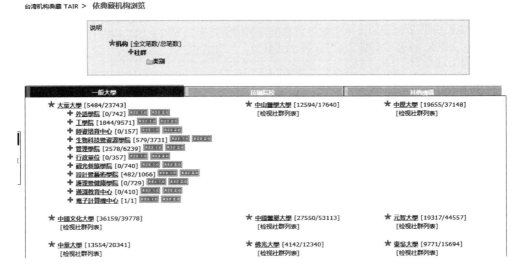

图 8 - 12　台湾学术机构典藏的依典藏机构浏览界面

注：本图仅用于说明依典藏机构浏览的页面内容。
资料来源：http：//www. tair. org. tw/community-list。

（3）机构即时统计：指台湾学术机构典藏里可以即时显示各成员库的资源收录情况，包括资源总量、下载量、访问频次等。即时显示各成员库的科研成果、收录总量及访问量。借助于实时更新的数据，可以看到各机构知识库的运行情况，其中标红的部分说明机构知识库运行存在一定问题，资源更新比较慢，应加强对机构典藏的重视程度。

（4）政策规定：台湾学术机构典藏在政策规定方面是以台湾大学制定的参考文件作为范例，主要涉及对著作权的相关说明，包括机构典藏系统著作权说明、系统免责说明、图书馆对于机构典藏系统的责任说明和作者及系统的著作权说明，其详细内容如表 8 - 1 所示。

表 8 – 1　　　　　　　　　台湾学术机构典藏 TAIR 政策规定

项目	内容
机构典藏系统 著作权申请	（1）用户可以自由的以超链接方式联结本系统，对资源进行浏览和下载，但须注明出处和来源网址 （2）商业机构或团体未经书面声明，不得翻译转载、公开出版和发行本系统内容 （3）对于知识库内的资源，作者或出版社享有版权，受法律保护
系统免责说明	（1）系统已采用合理措施，确保本系统资料的准确性和完整性 （2）用户使用前需知悉相关的法律规定，合理使用，因使用不当引发的侵权问题，系统不承担责任
图书馆的 责任说明	（1）永久合理的存储知识库的资源 （2）履行必要的提醒义务，告知使用者需遵循的著作权保护、使用者的限制以及合理使用的范围 （3）对于无人管理的数字学术资源，知识库可以进行接收并妥善保存
作者著作权说明	主要包括版本定义说明和表格代码说明

8.2.3　经验总结

整体而言，台湾地区机构知识库建设发展迅猛、普及程度较高，主要得益于以下几点：

1. 台湾教育主管部门的重视和支持

台湾地区机构知识库的快速发展，促进了信息资源的共享，这些都离不开台湾教育主管部门的支持。2005 年台湾教育主管部门决定构建机构典藏库，目的是用于整合台湾地区全部的科研资源，制定了"建置机构学术成果典藏计划"，并指定台湾大学图书馆充当建设先锋，率先执行该计划建设台湾机构典藏库，并将台湾大学建设机构典藏库的经验和成果进行广泛推广，引导和扶持其他机构建设机构知识库，尤其鼓励有条件的高校建设自己的机构知识库，从而带动整个台湾地区机构知识库的发展建设。

2. 选择开源软件，以 DSpace 为基础进行研发

台湾地区的机构典藏基本都以 DSpace 为基础，并在此基础上进一步扩充其功能，如增加了即时统计功能、上传排行功能及下载排行功能、批次上传等功能。利用开源软件可以节省自主研发所需要的成本及时间，另外使用统一的开源软件，便于成果的共享，只需要一个机构知识库将功能进行扩展，其他机构知识库就可以直接运用，这样可以大大降低机构库的运营成本。

3. 实行"分散建置、集中呈现"的发展模式

这是台湾地区建设机构典藏库所确定的模式，目的是利用台湾大学机构典藏库的平台，集中展示每个种子机构的科研成果，同时发挥种子机构的主动性，建设具有机构特色的典藏库。该模式充分发挥了台湾大学机构典藏的龙头示范作用，由其具体引导和扶持每个种子机构知识库的建设。每个种子机构在进行本机构知识库的建设时能结合自身特点、突出本机构的特色。同时种子机构的研究成果也通过统一的平台——台湾学术机构典藏予以呈现，这样用户既可以登录每个种子机构知识库检索科研成果，也可以直接登录台湾学术机构典藏进行检索，可获取更广泛的资源。

4. 注重加强宣传力度

为深化科研人员对机构知识库的了解和认可，提高其对研究成果主动存缴的积极性，台湾地区机构知识库的相关建设者通过多种渠道了宣传推广工作：第一，通过宣传海报、传单、简报等印刷品在校内进行机构知识库的宣传；第二，通过举办推广说明会和相关技能培训，使用户了解知识库系统的具体使用方法及上传流程，第三，通过各种网站，如学校官网、各院系网站、图书馆网站发布公告，并提供知识库的网址链接，便于用户对知识库系统的使用；同时学科馆员还会亲自到各院系介绍机构典藏服务并实际演示知识库系统，主动邀请教师参与并能就相关问题进行直接沟通。

5. 注重版权保护

版权问题涉及相关人员的权利保护，对机构知识库的发展起着制约作用，因此在建置知识库过程中台湾地区对此类问题格外重视。为此，专门研究相关的法律、召开版权问题的相关会议，并采取各种措施来完善机构知识库的版权管理工作，如与研究人员订立相关的版权协议，在协议中具体约定双方的权利义务；建立相应的版权审核制度，由专门人员具体负责资源的审查。这样一方面有利于保护版权所有人合法权益，另一方面也争取能最大限度地为知识库的用户提供资源的开放。

以上是港台地区机构知识库的简单概述。总体来看，港台地区知识库的建设在我国处于领先水平。其在组织策略、资源质量和政策服务等方面都给我们做出了表率。认真学习其知识库的建设经验，能给我们内地（大陆）机构知识库的建设提供参考意见。

8.3 内地（大陆）高校机构知识库的建设

8.3.1 厦门大学机构知识库的建设

厦门大学（Xiamen University，XMU），是第一所由爱国华侨设立的大学，创始人为陈嘉庚先生。新中国成立后由国家接管，是国家"211 工程""985 工程"重点建设高校。2017 年入选国家公布的 A 类世界一流大学建设高校名单。鉴于其得天独厚的地理条件和难以替代的人文优势，已成为台湾研究的重镇和两岸学术交流的重要高校，被誉为"南方之强"。

厦门大学学术典藏库是我国内地（大陆）地区第一个基于 DSpace 开源软件平台建成的校级机构知识库，也是内地（大陆）地区第一个在国际开放获取平台（Opendoar）注册的机构知识库，同时也是 CALIS IR 三期项目规划的示范库。厦门大学学术典藏库是用来长期保存、管理和展示由厦门大学师生创建的具有较高学术价值的学术著作、期刊论文、工作文稿、会议论文、科研数据资料，以及重要学术活动的演示文稿的信息服务平台。旨在展示厦门大学学术成果、提升厦门大学学术声誉、促进学术资源的开放获取及学术交流。厦门大学学术典藏库在推动和促进中国内地（大陆）高校构建机构知识库方面起到了先锋和示范效应，作为国内机构知识库建设的先驱，有很多经验值得我们学习。

1. 建设过程

1）建设背景

2002 年国际开放社会协会提出《布达佩斯开放获取计划》，2003 年德国马普学会发起柏林会议并发表了《柏林宣言》，自此学术信息开放获取已经不再仅仅是应对科技期刊价格危机的手段，而是演化成了影响全球学术交流、改变学术信息交流模式的开放获取运动。随着互联网的普及，强大的搜索功能为资源的获取和使用带来很大的便利。厦门大学图书馆勇于尝试，顺应时代潮流，抓住新的时机，开始了关于机构知识库的建设思考。

2）建设初衷

（1）如何妥善保管厦大的科研成果。科研是国家技术创新的重要组成部分，也是衡量高校竞争力的重要指标之一。因此，厦门大学不断加强对科研的重视程度，进一步完善考核机制，鼓励厦门大学师生进行科研创作。从 2001 年起，厦门大学的论文发表量逐年递增，2005 年的发文量总和几乎是 2001 年发文量的两倍。随着数量的不断增长，成果的类型也越来越多，除了正式发表的论文外，还有论著、教学课件、重要讲座演示稿、专利、科技报告、科研申报材料等。然而，通过调查问卷了解发现，这些重要的教育科研成果基本都是零星分散存储于各个成果数据库、学者个人电脑、个人博客、院系主页等，甚至有些成果因为物理原因或人为因素，已经损坏或丢失。因此，急需一个统一和标准的平台来存储、管理和展示这些教育科研成果。

（2）如何更好地促进学术交流与共享。厦门大学拥有几万人的教学科研队伍和学生群体，各种教学科研学术产出不断增加。然而，这种学术环境下，却缺乏公共的、统一的、有效的学术交流、资源共享平台，虽然厦门大学的科研管理系统也收录有厦门大学教职工有关科研成果的数据，但这些数据只是用于课题的结题、评估、评奖、职称评定等事项。由于数据收录标准的不同和系统的开放性不足，不能存储之前所提及的各种学术成果，也不利于成果的展示、宣传、共享和再利用。如果学术资源不能进行有效的共享，就会使部分学者在相近的科研成果上做不必要的重复劳动，不利于成果的创新。因此也需要一个统一的平台来促进学术交流与知识的共享。

3）系统的选择

厦门大学的项目组首先分析了建设机构知识库所采用的软件，通过调研发现有三种方案，即自主研发、购买商业软件或者使用已有免费开源软件。结合本校的实际情况，由于本项目没有启动资金支持，所以购买商业软件的途径不可行。如果自主开发机构知识库软件，那么软件开发周期会比较长，还需要有专门的人力、物力的投入。最终，项目组在当时盛行的用于构建机构知识库的几款免费的开源软件中进行选择，即 EPrints、Fedora、DSpace、GreenStone。通过分析发现 DSpace 操作比较简单而且可以进行二次开发，同时在世界机构知识库中使用的比较多，技术相对成熟，用户认可度较高，所以最终确定采用开源软件 DSpace 作为构建厦门大学学术典藏库的软件平台。

4）人员配备

为了更好地进行机构知识库的建设，厦门大学成立了厦门大学学术典藏库项目组。成员来自厦门大学图书馆的采访部、流通部、技术部、参考咨询部、特藏部、办公室等部门，是一个跨部门的扁平化组织。目前项目组成员大多是基于个人兴趣、爱好特长以及与本职工作相关性等因素加入的，并非专职的知识库的建设者，这样的组织具有较大的灵活性，可以充分发挥他们的特长，其他成员也可以加入机构知识库的建设。

5）资源建设

厦门大学的资源收集整理大概经历了三个阶段：

第一阶段，厦门大学学术典藏库正式开放的前两年，即 2006～2008 年左右。系统运行之初，由项目资源组收集并提交各个院系的知名专家学者的小批量期刊论文，作为"种子源""示范源"，然后通过项目企划宣传组的宣传和推广工作，调动厦门大学的师生积极性，让他们主动在系统中注册并提交各自的学术资源。一段时间后，项目组发现通过师生自觉主动提交资源的方式来构建厦门大学学术典藏库并未达到预期效果。

第二阶段，2009～2010 年左右。鉴于厦门大学学术典藏库资源建设不如预期，项目组决定，除了继续接收师生提交的学术资源外，由图书馆学科馆员（项目资源组主要成员）收集、整理并上传所负责联络的具体院系师生的学术资源。经过调整资源建设方式，厦门大学学术典藏库的资源数量明显提升，而且收集的资源质量和资源上传的规范性都有较好的保障。然而，学科馆员除了本职工作，还负责具体院系的联络工作，以及资源宣传、用户培训等工作，真正用于收集、整理及上传资源的时间非常有限。

第三阶段，2010 年以后。2010 年左右，厦门大学开始重视贫困学生的勤工助学制度，并推广学生助理政策，图书馆因此也相继推出学生助理岗位。借此，图书馆专门聘请了 2～3 名学生助理，在学科馆员的带领和指导下，收集、整理并上传相关学术资源。自此，厦门大学学术典藏库的资源建设走上相对稳定的发展道路。

2. 机构知识库内容介绍

厦门大学学术典藏库整体页面设计比较简洁，主要包括版权说明、社群列表两大类，页面右侧显示按照发布日期、作者、题名等条目的浏览方式，如图 8－13 所示。

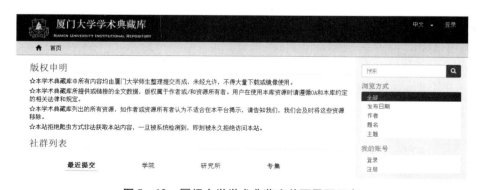

图 8－13　厦门大学学术典藏库首页界面示意

注：本图仅用于介绍厦门大学机构典藏内容。

资料来源：https：//dspace. xmu. edu. cn/。

1）版权声明

强调用户在使用知识库资源时必须遵循开放获取协定以及厦门大学机构典藏的相关规定。对于本学术典藏库所提供或链接的全文数据，版权属于作者或/和资源所有者。同时也遵照作者的意愿，对于作为不适合在本平台揭示的资源，可以提出申请，由机构知识库进行移除。将版权声明放在最显眼的位置，便于提醒用户合理使用并有利于保护成果所有人的合法权益。

2）社群

由 4 个条目组成，包括"最新提交、学院、研究所、专集"。

最新提交：显示成果的具体名称、作者、中文摘要等信息。点击"题名名称"可以查看到文章全文并可进行全文浏览及下载。知识库提供文章的全文下载，真正体现出厦门大学对开放获取的政策的支持。

学院：学术典藏库显示了厦门大学 29 个学院的研究成果，其中排在第一位的是经济学院，科研成果为 19151 项，其后依次是管理学院 17006 项、化学化工学院 16954 项、人文学院 11416 项、法学院 10510 项，点击"各院系"，会出现院系成果的基本类型及数量，以及成果的最新提交情况。用户可以按照发表日期、作者、题名、主题等方式进行浏览，也可以在搜索框内输入已知的信息进行快速检索。

研究所：厦门大学共设有 14 个研究所，分别是财务管理与会计研究所成果数量为 113 项，公共政策研究所 46 项、国学研究院 31 项、海峡两岸发展研究院 167 项、近海海洋环境科学重点实验室 42 项、海洋与海岸带发展研究院 167、南海研究院 716 项、南洋研究院 1654 项、厦门国际高等研究院 3 项、萨本栋微米纳米科学技术研究院 100 项、台湾研究院 1778 项、生物医学研究院 154 项、王亚南经济研究所 1157 项、知识产权研究院为 160 项。

专集：厦门大学按照不同的主题和种类分了不同的专集。有学校的期刊介绍，学校的其他机构的成果，不同网站的经典成果，学者风采等栏目，具体如下。

（1）由厦门大学主办或承办的期刊，主要有当代会计评论、电化学、妇女/性别研究、经济资料译丛、厦门大学学报 - 哲学社会科学、现代法治研究、现代广告、中国海洋法学评论等主要刊物。其中《电化学》期刊最为典型，是由中国科协主管、中国化学会主办、厦门大学承办、厦门大学固体表面物理化学国家重点实验室协办的学术性期刊，是厦门大学比较有代表性的刊物。《电化学》具备将基础研究与技术应用融为一体的特点，自 1995 年创刊以来，已在国内外产生积极影响。至今已分别被北京大学图书馆、中国科学院和中国科技信息研究所遴选为"中国核心期刊"，并于 2005 年被《中国知识资源总库》列为精品期刊。目前可以查阅从 1995 年至今的共 25 卷。

（2）戏剧研究：戏剧研究社群的所有学术资料由厦门大学图书馆从厦门大学人文学院主办的"戏剧研究"网站整理而来（目前网站已关闭）。网站资源共分为学人论戏、专题研究、活动资讯、理论前沿、书评序跋、经典文存、文献索引、媒体合作等八大专题，专题下设若干专栏。该社群资料组织也基本符合网站原来的资源组织方式，共显示成果3366项。

（3）其他机构：包括信息网络中心、校团委、厦门大学、图书馆、厦门大学马来西亚分校等不同机构的重要成果，其中厦门大学条目下设子目录即厦门大学凌云报。该条目中主要包含硅谷校友会、领导报告、宣传方案、厦门大学已发表的论文等成果。有必要提一下的是"厦门大学已发表论文"这一专题不是针对厦门大学所有的科研产出，主要是将厦门大学党委、宣传部、学生处、科技处、教务处、出版社、档案馆、学报编辑部等暂未设置专门社群的，以及暂时无法识别学部院系的教师所发表的论文，统一归在此条目下。

（4）学者专集：展示了不同学者的风采及其科研成果。学者专集可以查看到厦门大学不同学者的成果。学者专集包括两个子群，分别是钞晓鸿学术主页及陈明光学术主页。以钞晓鸿主页为例，主要介绍了该学者的基本信息（包括个人生平、研究方向、教育背景、学术研究、个人荣誉）、其成果的分类及数目，还显示了最新提交的成果详情，便于用户访问。

3. 经验总结

厦门大学学术典藏库于2006年8月正式对外开放，成为当时中国内地（大陆）高校首个基于DSpace开源软件平台建成的校级机构知识库并率先在国际开放获取平台注册。厦门大学积极响应开放获取运动，实现了论文的全文下载，便于用户查询。厦门大学学术典藏库在建设过程中非常注重机构知识库的宣传和推广。主要通过校园内和校园外两种方式进行宣传推广。校内宣传方式主要是通过发放宣传册、举行学校学院的各种会议、专题讲座等方式对开放获取政策及机构知识库的相关知识进行普及，目的是加强校内人员对机构知识库的了解，明白机构知识库的价值所在，以便于日后主动分享学术成果，促进资源的开放获取。校外宣传方式主要有三种：一是积极参与国际和国内其他机构举办的关于开放获取、知识共享的相关会议，借此机会介绍本校机构知识库的建设情况，收集建议。二是利用"第三方"的平台和工具来推广本机构知识库，如在ROAR、OpenDOAR、OAIster等站点或系统上注册来扩大其知名度、鼓励学者撰写与机构知识库相关的文章进行宣传。三是积极加入国内机构知识库联盟，借助于联盟平台提升本校知识库的知名度，推进知识共享的进程。通过这些宣传，争取获得更多的学术资源，以及相关政策支持，使机构知识库中的资源为更大范围、更多层次的用户所知道、了解和再利用。厦门大学机构知识库页面设计整体比较简洁，其中知识图谱的运用较少，不能直观地显示学校科研及学者的发展状况。笔者建议在以后的发展建设过程中可以适当进行技术方面的革新，以期更好地为用户服务。

8.3.2　中国人民大学机构知识库的建设

中国人民大学（Renmin University of China）是中国共产党创办的第一所新型正规大学，是教育部与北京市共建的综合性研究型大学，它是以人文社会科学为主的全国重点大学，直属于教育部。从 1950 年至今，国家历次确立重点大学，中国人民大学均位居其中。是国家首批"985 工程""211 工程"重点建设大学，2017 年首批入选国家"世界一流大学和一流学科"建设名单。

20 世纪 90 年代末，开放存取运动开始兴起，从此对机构知识库的研究逐年升温。继厦门大学之后，中国人民大学开始了对机构库的实践探索。前期经过了对中国人民大学教师成果库到人大文库到知识库的建设过程，在实践过程中发现问题、解决问题、不断转换思想，以用户的需求为出发点，考虑到对学者学术价值的肯定、学术交流的需要，依托机构知识库的学科服务功能，对机构知识库的功能进行转型，以服务为根本宗旨，不断完善知识库的建设，目前运行已比较成熟。截至 2019 年 2 月，总访问量近 490 万次。本书以中国人民大学机构知识库为例，介绍其建设过程及机构知识库的相关内容，总结其经验，希望可以对其他高校知识库的建设起到借鉴作用。

1. 建设过程

1）中国人民大学机构知识库前身——中国人民大学教师成果库

2007 年 3 月，中国人民大学图书馆与学校科研处、档案馆合作，开始建设中国人民大学教师成果库（以下简称教师成果库），校长表示支持并亲笔为数据库题名，教师成果库是知识机构库中的精华，其首页界面如图 8 - 14 所示。

教师成果库以教师为主线，展现了中国人民大学的教师资源及教师的主要成果。最初主要的做法是教师主动将自己的科研成果提交到学校的科研管理系统，然后由图书馆以系统中的内容为基础，结合图书馆购买的中外文数据库，来保存人大所有教师的科研成果。教师的科研成果包括其发表的论文、专著、参与的课题研究、教师建设的精品课等资源。成果库还展示了教师的基本信息，参与的重要会议，访谈的音频资料等。

图8-14 中国人民大学教师成果库首页示意
资料来源：中国人民大学教师成果库。

教师成果库中对于学者的搜索按照院系排列，可直接输入检索词或关键词，方便读者查找，如图8-15所示。点击学者头像，会了解到学者比较全面的信息，包括教师姓名、出生年月、学位、任职机构、职称/岗位、学术兼职、研究领域、获奖作品、获奖情况、科研项目、个人简历、研究成果、相关图片、音视频资料等。

图8-15 中国人民大学教师成果库搜索界面示意
资料来源：中国人民大学教师成果库。

2）人大文库的建设

2010年，中国人民大学将成果库、教师库、学位论文库和物理人大文库的展示合并到同一个平台，内容更加丰富，查找更加方便，其首页界面如图8-16所示。

图 8 – 16　中国人民大学人大文库界面示意

资料来源：中国人民大学教师成果库。

人大文库具体介绍如表 8 – 2 所示。

表 8 – 2　　　　　　　　　　　　　人大文库具体项目介绍

项目	内容
教师成果库	收录了 2000 年以来人大教师的学术成果，包括公开发表的期刊论文、会议论文、著作、报纸文章等，现有数据 8 万余条
教师信息库	收录所有在职教师及部分退休或已故的著名学者，揭示教师个人的学术信息，目前收录有教师个人信息数据 2334 条
人大名师库	收录建校以来著名学者的个人学术信息，目前有 300 余人
学位论文库	收录 1981 年以来所有博硕士生毕业论文数据，以及 2011 年来的本科毕业论文，目前有数据 73842 条
库藏著作库	收录我馆文库收藏的教师及校友的著作，目前数据有 19000 余条
重要藏品	揭示我馆文库收藏的珍贵文献、手稿、照片、书信等

3）中国人民大学机构知识库建设现状

2011 年 9 月校图书馆参加了 CALIS 三期高校机构知识库项目，在北京大学图书馆的指导下，由校图书馆联合科研处、人事处、网络中心，实验性地开始了中国人民大学机构知识库的建设。2013 年图书馆开始重新规划机构知识库的建设，采用了西安知先信息技术有限公司自主开发的 NoteFirst 机构知识库系统，开始正式建设中国人民大学机构知识库。

2. 中国人民大学机构知识库内容介绍

中国人民大学机构知识库以学术成果为核心，分为首页、成果提交、分类浏览、我校学者、收录情况、用户服务、技术支持和关于我们等用户界面，如图 8-17 所示。中国人民大学机构知识库核心功能有三个：成果典藏、个人科研助理和团队科研协调。

图 8-17　中国人民大学机构知识库首页界面示意
注：本图仅用于说明中国人民大学机构知识库的框架内容。
资料来源：http：//ir. lib. ruc. edu. cn/Home。

1）成果典藏

主要收集了人大的科研成果及教学成果，详尽地介绍了人大的历史、人大著名的学者，也是人大对外交流的重要窗口。成果来源一方面是学者自提交，另一方面是由成果机器人从国外知名数据库（如 SCI 数据库、Springer 数据库、ISTP 等）和中国国内知名数据库（如 CNKI、中国国家图书馆数据库、专利库等）中定时自动抓取本校学者和部门公开发表的成果，基本实现了人大各学院、机构、学者科研成果的自动采集，经平台数据处理后统一长期保管和使用。点击"成果浏览"，可以看到人大机构库的共有资源近 8 万条，按照最新提交、热点成果、下载排行、重要成果、院系、作者、期刊、关键词、年度等可以进行分类浏览。以院系为例，详细的展现出各院系的具体成果数量，排在首位的是法学院，如图 8 - 18 所示清晰地显示各院系的资源数量对比。

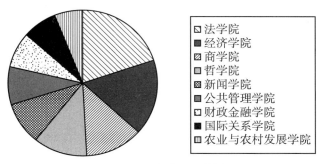

图 8 - 18　各院系文献量

资料来源：笔者整理所得。

2）个人科研助理

　　主要为研究生导师、科研团队、项目组提供分享、交流、协作服务，实现团队资源的积累、传承和高效利用，规范团队科研活动。利用 NoteFirst 软件灵活地进行信息的获取，方便知识的存储和同步更新。科研人员可以建立自己的文献管理和学术空间，用来收集整理个人下载的文献，同时拥有订阅文献、文件归类、推送某团队和个人的科研进展情况、自动生成论文参考文献等许多功能。目前专业最新动态获取的主通道为互联网的学术数据库，机构知识库平台提供团队科研协作功能，可实现成员间的读书笔记、实验记录在团队内的分享、积累和传承，可成为科研人员获取团队内部成果的主通道，有助于机构知识库成为师生管理日常文献的活动场所。

3）团队科研协同

　　为师生提供期刊订阅、RSS 订阅服务，用户可以通过 RSS 订阅功能，订阅机构知识库中的最新成果和最热成果。提供文献云服务和论文收录引用通知，当教师的成果被一些重要数据库如 Elsevier、SCI 等收录或被引频次等重要指标发生变化时，系统会自动发送电子邮件等信息，通知教师知悉自己成果的收录和引用等详情。系统可以创建团队，也可以进行成果分享并可以在团队内分享或整个平台分享，还可以实现跨校之间的团队建立。

4）其他用户界面

（1）前台页面。前台页面中对于成果提供了分类浏览，比较详尽。按照"文献浏览"的方式可分为期刊、会议、图书、报纸、专利等方式，以期刊为例，具体收录情况如图 8 - 19 所示。

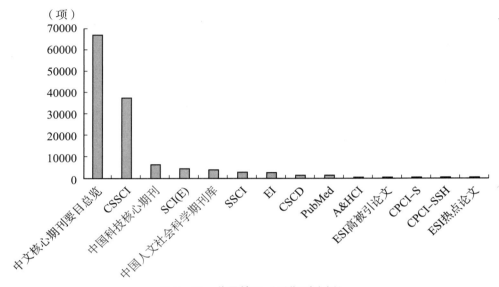

图 8 - 19 收录情况 （以期刊为例）

资料来源：笔者整理所得。

在所有期刊收录中还详细地列举了各个院系的具体情况，这里列举前 12 位，如表 8 - 3 所示。

表 8 - 3　　　　　　　期刊详细收录各院系具体情况 （前 12 位）　　　　　单位：项

学院	收录数据	学院	收录数据	学院	收录数据
法学院	13120	经济学院	10691	商学院	8257
哲学院	7660	马克思主义学院	6157	新闻学院	6126
公共管理学院	5297	财政金融学院	5099	国际关系学院	4870
农业与农村发展学院	4059	文学院	3635	劳动人事学院	3376

资料来源：笔者整理所得。

同时还列举了 2009 ~ 2018 年成果年度分析情况，如图 8 - 20 所示。对于有无全文，语言种类等都有具体分类浏览，最大限度地满足不同读者的需求。

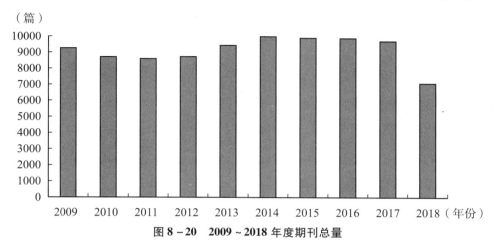

（篇）

图 8 – 20　2009～2018 年度期刊总量

资料来源：笔者根据中国人民大学机构知识库整理所得。

（2）学者界面。学者界面可以按照院系导航，也可以自定义进行搜索，选择读者需要了解的专家学者。点击学者头像，可以看到学者的基本信息，包括姓名、部门、学历、职称、联系方式、研究方向等内容，可以根据学者的意愿选择性的填写。在基本信息外附有个人简介，对学者的基本经历、取得的成果、担任的职务、获得的奖励等情况进行介绍。同时还附有学者的论文指导情况，包括对研究生、博士生和博士后论文的指导，具体列举指导的对象、姓名、论文种类、论文名称及年份，页面展示效果如图 8 – 21 所示。

图 8 – 21　学者界面展示效果

注：本图仅用于说明机构知识库的学者界面，为保护学者个人信息图片为处理后的效果图。
资料来源：http：//ir. lib. ruc. edu. cn/Scholar。

比较有特色的是对于该校学者，还详细阐述了其学术历程、合作作者、发布期刊。以其学者的情况为例进行说明。

学术历程统计有数字和图表两种显示方式，凸显了该学者在不同年份的成果贡献，通过图表可以清晰地看到学者历年不同的成果数量，该学者在 2010 年处于学术研究的最高峰，如图 8 - 22 所示。

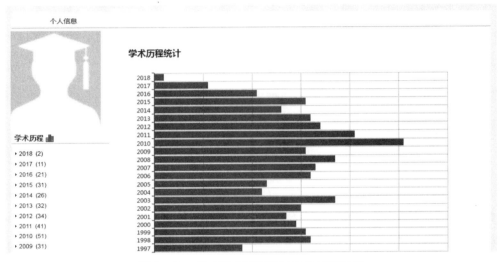

图 8 - 22 学者学术历程统计数据展示效果

注：本图仅用于说明学者的学术历程统计页面，为保护学者个人信息图片为处理后的效果图。

资料来源：http：//ir. lib. ruc. edu. cn/Scholar/ScholarYear/63162。

合作作者栏目体现出与该学者合作过的学者姓名及合作的文章数量，点击"合作作者"，会出现合作的文章名称及具体文献情况，便于读者寻找相关领域的专家，直接查看相关的理论成果，如图 8 - 23 所示。

期刊发布情况详细介绍了学者期刊的发表单位，可以看到学者经常合作的期刊有哪些，凸显了学者的学术影响力分布情况，比较全面地展现了学者的风采，如图 8 - 24 所示。

（3）版权说明。机构知识库中比较重要的问题就是版权问题，对此人大给予了详细的介绍：中国人民大学机构知识库是一个全面收集中国人民大学智力成果的文献资料库，致力于收集并储存人大师生的科研学术成果，并将这些学术资源进行长期保存、统一管理，负责对外发布交流，也为校内师生及校外用户提供查询、检索、下载等开放获取服务，向全球用户提供免费和永久的访问。

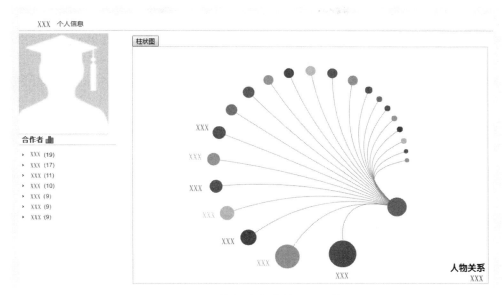

图 8 - 23　学者/合作者关系展示效果

注：本图仅用于说明学者/合作者关系页面，为保护学者个人信息图片为处理后的效果图。
资料来源：http：//ir. lib. ruc. edu. cn/Scholar/ScholarRelation/63162。

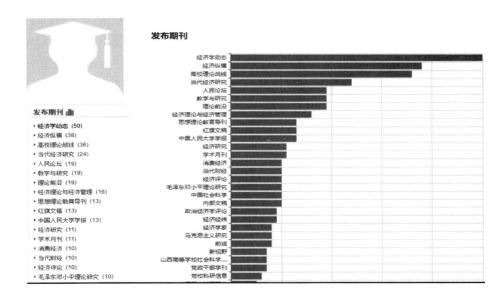

图 8 - 24　学者的期刊发布情况展示效果

注：本图仅用于说明学者的期刊发布页面效果，为保护学者的个人信息图片为处理后的效果图。
资料来源：http：//ir. lib. ruc. edu. cn/Scholar/ScholarJournal/63162。

第一，内容政策：存储的成果必须全部或部分由中国人民大学师生产生，具有典藏权。成果类型即包括常见的期刊论文、著作、会议论文、专利、学位论文等，还包括报纸、研究报告、标准、演讲介绍、课件、图片、录音记录、软件、视频等。成果必须全部或部分为人大师生的智慧产出；成果的作者或所有者必须愿意且有权给予中国人民大学图书馆进行保存并散布该作品的权利；成果必须具有一定的教学或研究价值；成果必须是数字化格式；只有特殊情况下，才能撤销某些作品的访问。

第二，提交和保存政策：存储的成果可以由作者本人根据机构知识库的使用说明进行提交，也可以授权代理人如科室行政人员、图书馆人员等进行提交，提交成果的版权由作者享有，与版权有关的知识产权的纠纷也由作者承担责任。机构知识库对所提供的成果负责提供可持续性的管理，予以永久的保存。为了便于管理，在提交文件时，应按照知识库要求的文件格式进行上传。当然机构知识库的长期保存技术及政策会随着国际标准不断完善，随着技术的进步而不断更新。因此，为了知识库内容建设的长期发展，图书馆有权对文件格式进行转换，对存储的成果进行再加工。即使遇到特殊情况，需关闭机构库时，所存缴的成果也会得到安全的保存。

第三，使用政策。使用政策分为两类，即机构知识库对存缴文件的使用政策及用户的使用政策。机构知识库对于存缴的文件基于存档的需要可以进行加工转化，永久保存并对外开放。为了更好地进行传播和存储，可以要求作者提供成果的元数据，以供用户使用获取；用户可以基于个人科研学习的需要对知识库中的内容进行浏览查看、下载打印，但不能通过机器进行收割，不能以商业目的来使用存缴成果的元数据；用户在使用成果的全文时，应按照版权法的相关规定，列明作者、文献标题及详细的书目信息，不得进行任何形式的商业销售。

第四，撤回政策。机构知识库中存储的信息会永久保留，一般不允许随意撤回。如果在某些特殊情况下作者需要移除相关的内容，则需向管理员提出申请，并说明移除的理由。管理员接受申请后会主动与作者联系，以获取更多的信息，但所有移除信息的原始条目记录将会继续保留在机构知识库中。

第五，隐私政策。在机构知识库的运行过程中，图书馆也非常注重保护用户的隐私，对于在使用过中收集到的个人信息部分，将按照相关的互联网保密条款予以执行。

3. 经验总结

中国人民大学机构知识库是经过将前期的教师成果库、人大名师库、学术论文库整合的基础上发展起来的，有一定的资源基础。人大机构知识库基本上比较成熟，各项规定都比较到位，有助于知识的传递，尤其是其政策制定比较详细具体，可以作为参考。中国人民大学的建设经验告诉我们在机构知识库的发展过程中要注重与时俱进、注重知识的革新，要积极寻求学校相关部门的支持和帮助，发动教师来主动认领和补充自己的成果来建设机构知识库，除了收集保存揭示教师的成果，还应该尽可能地为教师提供切实可行的服务功能，同时要避免出现版权纠纷。当然，在机构知识库的运行过程中还存在着部分问题，如人大机构知识库的部分内容仅限于校内，其他人员的登录权限问题有待解决；各知识库之间的联网，开放获取程度的有待增强；在以后的发展建设还要注重文献种类的增多，例如演示报告、音频视频资料、群展画册、个人画册等；对于灰色文献的收集及其教师成果申报的积极性等方面有待提升。

8.3.3　西安交通大学机构知识库的建设

西安交通大学（Xi'an Jiaotong University），其前身是南洋工学，是 1896 年在上海创建的，1921 年更名为交通大学。1956 年响应国家号召整体搬迁到西安，由此更名为西安交通大学。西安交通大学是国家"七五""八五"首批重点建设高校，是首批入选国家"211 工程"的七所院校之一，也是首批入选"985 工程"的九所院校之一，是教育部直属的综合性研究型重点大学，被国家确定为以建设世界知名高水平大学为目标的重点大学。

为了有效地保存、管理西安交通大学知识资产，最大限度彰显、提升西安交通大学及学者在全球的学术影响力，图书馆构建了西安交通大学机构知识门户。根据网页调查与 OpenDOAR 统计发现，西安交通大学机构知识门户是目前国内发展比较好的高校知识库之一，无论是理论上还是在实践上都是国内知识库建设的佼佼者。

1. 建设过程

西安交通大学机构知识门户（XJTU Academic Hub）始建于 2009 年，由西安交通大学图书馆与西安交通大学 iLibrary Club 学生团队合作完成。2009 年，西安交通大学图书馆利用 DSpace 系统试图搭建机构库，其中导入 3000 余篇 SCI 文章及学位论文，这些为后期机构知识门户的建立奠定了一定的基础。紧接着西安交通大学图书馆在 2013 年与开发公司合作，共同构建 IRP 3.0 系统，并导入元数据12 万余条，全文 5 万篇。2014 年 2 月"西安交通大学机构知识门户"立项，新门户测试版在 2015 年 9 月正式上线。2016 年，西安交通大学图书馆对"统计"平台功能进行了优化，新增关于 ESI 学科动态的相关统计，如优势学科、临界学科、高被引论文学院贡献度等。2018 年，西安交通大学图书馆对机构知识门户"院所""学者"平台进行功能优化、页面重构，对"统计"平台关于ESI、INCITES 成果统计功能进一步细化，新增校际成果比较。截至 2019 年 3月，共收集元数据 319139 条。其中期刊论文 208347 篇、会议论文 25328 篇、学位论文 69916 篇、专利 15206 项、书籍 105 篇，其他 245 项，累计访问量达到 55518170 次。

1）采用 DSpace 软件并进行开发

在机构知识库进行软件选择时，西安交通大学图书馆选择了开放源代码软件DSpace，因为此软件功能设置合理、安装应用程序较为简单，重要的是能够二次开发，通过后期工作人员的开发可以使之具备适合自身具体情况的其他功能。与使用其他软件或者自行开发软件相比，西安交通大学图书馆节省了大部分精力和成本，如技术开发的时间与费用、后期软件系统的管理与维护等费用。

2）制定详细政策、合理安排人员

西安交通大学机构知识库的建设发展离不开学校层面的支持和帮助，知识库的建设被列入学校 2013 年的《信息化建设三年行动计划》和《信息化建设十年发展规划》，使知识库的建设直接与学校的信息化建设、数字化的科研管理相结合，打破了信息壁垒，实现了信息资源的共享。同时学校多个部门都积极主动参与机构知识库的建设。西安交通大学图书馆作为主要的建设团队，进行了专门的项目分工。技术人员负责建立数据收割系统，进行技术保障。学科馆员专门负责资源的具体存缴，并进行内容控制，保障资源的质量。机构知识库建设系统在技术上执行开放技术标准，建立开放元数据收割接口，提供接口实现第三方工具对内容深度分析；在整个建设过程中西安交通大学知识库始终被视为本校信息化软件建设项目，因此，自始至终在建设经费上都得到了学校的有力支持。

3）宣传推广

西安交通大学机构知识门户基于全球开放的理念，采用 DSpace 软件并进行二次开发作为其系统平台，允许搜索引擎发现与揭示，便于全球学术研究者与学术机构之间的知识交流和共享，从而有利于资源的长期保存和管理。西安交通大学研究者与教学人员的具有较高学术价值的期刊论文、会议论文、著作、专利、科研数据等文献资料，以及部分重要的网络公开课等资源都可以被检索。为了充分利用机构仓储中的学术资源，在机构知识门户首页扫二维码就可以通过新浪微博、微信平台搜索到西安交通大学图书馆，随时关注其动态信息。除此之外也可以通过扫二维码进入到西安交通大学移动图书馆，只需通过手机就可以浏览图书馆信息、查阅图书馆藏书情况、网上浏览图书馆学术资源等。这不仅充分利用了西安交通大学机构知识门户的信息资源，同时也能最大限度彰显、提升西安交通大学及学者在世界范围内的学术影响力，提高了西安交通大学的学术声誉与知名度，并融入电子出版（e‐Publishing）和公开获取（Open Access）运动。

2. 机构知识库内容介绍

西安交通大学机构知识门户分为英文版、简体中文版和繁体中文版，充分考虑了不同地域的不同受众对该校提供的学术资源的浏览、订阅、关注、科研和学习需求，其界面如图 8－25 所示。

图 8－25　西安交通大学机构知识门户首页展示效果

注：本图仅用于说明知识库的框架内容，为保护学者个人信息图片为处理后的效果图。
资料来源：http：//www.ir.xjtu.edu.cn/index。

基于数据提供者和服务提供者的双重身份，该校机构知识库主要有六大功能服务平台，即"首页""学校""学院""学者""统计""政策"，供校内外的科研工作者、本校学者个人、学院管理者和校级管理部门使用。在首页中设置有检索服务。例如，用户可以在检索栏内对西安交通大学机构知识门户进行直接检索，也可以使用高级检索对检索内容进行精确查询。直接检索的查询范围可以选择整个机构知识门户，也可以依次选择标题、关键词、摘要以及作者字段。相比之下，高级检索服务范围比较广泛，不仅可以选择文献类型，同时也可以对多个字段进行勾选（最多可选五个检索字段进行布尔逻辑组合检索），以达到对检索内容的精确或是模糊查询。同时首页还提供了用户登录、提交资料、FAQ 等基本服务。其中，对登录和提交资料的操作仅限于已授权的用户。除首页外，该校知识库主页链接了学校、学院、学者和统计和政策等五个二级页面。

1）关于学校

例如，点击"学校"，可以查看到目前机构知识库收录的所有成果，成果类型包括：元数据、期刊论文、会议论文、学位论文、专利、书籍等，如图 8 - 26 所示。用户可按照年份、成果类型、院系、收录类型、综合、语言等方面进行组合检索，可根据年份、标题、被引频次、影响因子等进行排序，提供 GB、MLA 和 APA 三种标准引文格式输出，提供 NoteExpress、RIS、Endnote、Excel 格式导出。根据左侧的检索字段，也可以清晰地反映出不同年份知识库成果的收录情况，如表 8 - 4 所示。

图 8 - 26 "学校"分页面示意

注：本图仅用于说明学校界面。

资料来源：http：//www. ir. xjtu. edu. cn/community/newsearch？clearAll = true。

表 8 - 4 　　　　　　　　　不同年份知识库成果收录情况　　　　　　　　　单位：项

收录情况	2014 年	2015 年	2016 年	2017 年	2018 年	2019 年 2 月
数量	17032	19098	21839	24080	14907	1495

2）学院平台

各类成果按照学院、系所、国家重点实验室分类展示，便于按各学院浏览成果产出情况，提供成果的被引频次、收录情况、期刊影响因子、替代计量（Altmetrics）。西安交通大学知识库学院页面的设计也非常有特色，以理学院为例进行说明，如图 8 -27 所示。

图 8 -27　西安交通大学机构知识库学院展示效果（理学院）

　　注：本图仅用于说明西安交通大学机构知识库学院展示页面，为保护学者个人信息图片为处理后的效果图。

　　资料来源：http：//www. ir. xjtu. edu. cn/community/oneCommunity？ commCode =0001。

　　在学院的页面中可以看到学院成果概览，包括成果的数目以及成果的被收录情况、高被引情况，以及作者所属机构的成果数量等信息；所属机构中还具体列举了理学院不同部门的成果情况；本院学者中展示了在本院比较有影响力的学者，点击可以直接查看学者的个人简介及其成果的相关信息。该界面还展示了学院历年成果发表趋势、关键词云、国际合作等情况。

　　3）学者平台

　　在网站主页点击"学者"，二级页面汇集、展示了我校百名学者在其学术生涯发表的学术成果，如图 8 - 28 所示。用户可以根据学院或者称谓进行查询，如法学院、人文社会科学学院、教授、副教授等。点击后进入三级页面，点击学者可以查看到学者的详细介绍及其成果分析。以何学者为例进行说明，首先设有学者的个人简历，包括姓名、出生年月、所属院系、职称、职务，所获得的荣誉等基本信息。成果信息显示其成果总量及被引频次的汇总。最重要的是能够通过可视化图谱形象直观地揭示学者的学术科研网络。如通过高影响力成果已被引频次趋势图，可以清晰地显示不同年份作者的作品被 Web of Science、Scopus 数据库的收录及被引用频次的具体数。同时，关键词云及合作关系图中也可以一目了然地看出作者的主要研究方向，及与作者进行合作的其他学者的姓名及合作作品的数量，便于用户查找相似领域的其他学者，如图 8 - 29 所示。

4）统计平台

西安交通大学机构知识门户提供四类统计，分别是成果概览、网站访问统计、基于 ESI/INCITES 的成果分析和 Web of Science（WOS）核心级成果国际合作比较，如图 8 - 30 所示。统计平台可以支持不同粒度的成果统计方式，便于学院及学校管理者及时掌握内部人员的成果发表类型及研究趋势，通过对统计数据的分析，预测某领域内的学科发展状况，便于决策者掌握学科变化走向，查找问题，根据决策结果，合理部署科研投入。

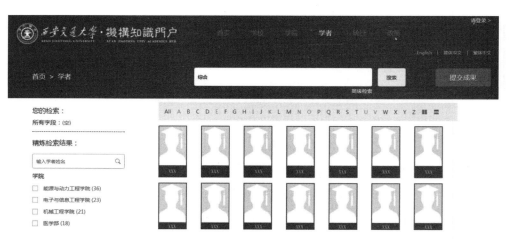

图 8 - 28   西安交通大学机构知识门户学者平台展示效果

注：本图仅用于说明知识库的学者展示页面内容，为保护学者个人信息图片为处理后的效果图。

资料来源：http：//www. ir. xjtu. edu. cn/scholar/newlist？ clearAll = true。

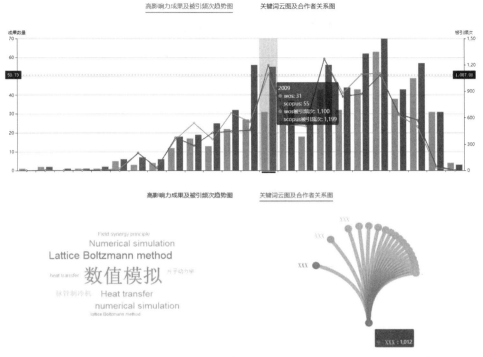

图 8－29　西安交通大学机构知识门户学者被引频次及合作作者页面展示效果

注：本图仅用于说明知识库的学者说明被引频次及合作作者，为保护学者个人信息图片为处理后的效果图。

资料来源：http：//www. ir. xjtu. edu. cn/scholar/id/11？ clearAll = true。

图 8－30　西安交通大学机构知识门户统计页面示意

注：本图仅用于说明机构知识库的统计平台。

资料来源：http：//www. ir. xjtu. edu. cn/statistics/new。

成果概况中主要包括成果构成、成果趋势分析、成果来源期刊分区构成、成果关键词云、国际合作情况、第一作者成果、专利分析等成果统计；网站访问量中动态显示近30日网站每天的访问量，同时可查看到访问地区，可以掌握哪些国家地区关注本校学术成果，利于后期开展国际合作；ESI/INCITES的成果分析可以查看ESI优势学科、优势学科排名百分比的变化趋势、劣势学科、临界学科动态、高被引论文学院贡献度、关键词云分析、国际合作及论文来源刊物等信息；WOS核心级成果国际合作比较统计显示WOS核心集成果、WOS核心集成果关键词云、WOS核心集成果国际合作、WOS核心集成果国际合作比较等信息。

5）政策分析

西安交通大学还在首页向读者与用户宣传开放获取政策，包括存缴政策、保存政策、传播政策、服务政策以及权利与义务等内容。其中每一项政策都包括具体内容。

在存缴政策中规定存储作品可分为三个等级：核心级、扩展级和关联级。其中核心级涵括了公开发表的期刊论文、会议论文、译著、专著、编著、专利等资料；扩展级包括预印本书章、硕博学位论文、学术报告、科技报告、研究报告、学习对象、非文本资源、工作文档、数据集等资源；关联级资源涉及校内其他系统已有的资源，如讲座视频、教师课件、网络公开课、MOOC、精品课程等资源，这类资源一般利用共享集成元数据方式组织并揭示。另外在存缴条件中，规定各类成果需满足两个条件：一是研究成果的作者必须是"西安交通大学"的科研工作者与学生；二是成果的内容一定是以数字形式展示，并尽可能采用PDF格式或知识库允许的其他相应格式。当文章由作者独立完成时，必须是该作者存档；当文章与他人合著，且多名作者同属于一个学院，便由通讯作者或者第一作者进行存档。在提交方式中规定，作者可以本人提交，也可以授权代理人（如学科馆员、科研秘书、院系的行政人员等）提交科研成果。资源的存档格式有两种，文本资料与非文本资源。文本资料建议用户使用PDF格式，其他格式可以联系图书馆工作人员进行格式转换。非文本资源如图片、音频、视频等，为了方便存储建议也将其转化为PDF格式。

传播政策中规定元数据允许免费使用，但前提要以非营利为目的，在使用过程中只需要提供元数据记录URL或者OAI标识符。但禁止使用如"Flashget""网络蚂蚁"等网络机器人软件对资源进行批量下载。资源在传播的过程中遵循"合理使用、适度开放"的原则，一方面满足用户对资源的需求，另一方面也充分考虑作者的意愿，为保障其合法权益，采取分层的方法，针对不同类型的资源，采取不同程度的开放获取政策。

服务政策中规定服务对象为本校师生及社会公众。本校师生可以通过统一的身份认证进行登录，社会公众也可以免费浏览或获取使用成果元数据，但对资源的获取不一定能全部实现，可能会受到一定程度的限制。知识库除了提供浏览、检索功能及获取全文等基本功能外，还增加了拓展服务，如统计功能、可视化图谱、成果影响力动态跟踪等功能。

权利管理中的著作权与隐私权也是我们要极为关注的方面。在著作权上，西安交通大学选择使用非排他性许可协议，借以取得作者授权，从而有权利对已经存档的资料进行编辑、复制、保存、非商业性传播以及移除等操作，保证在向广大用户开放学术成果的同时，尽最大努力保护版权所有者的权益，对于侵权的资源机构知识库有权进行删除。对于隐私权而言，用户（包括提交者与使用者）在使用时应该首先明确告知信息资料的搜集来源，其次保证个人信息的安全性，不随意将信息透漏给任何人。当成果元数据信息被公共使用时，XJTU Academic Hub 将会屏蔽个人隐私信息，尽可能保障个人信息安全。

3. 经验总结

所谓物尽其用，在资源管理过程中，西安交通大学机构知识门户将 DSpace 软件的功能进行了充分地利用，这对部分国内资金并不是很雄厚的高等院校图书馆来说，是一件非常值得借鉴的事情。同时在原有功能上又增加了展现层，涉及上文所提及的"机构库""学者库""可视化"分析。这样既有利于对资源进行分层管理，也方便了用户对资源的提交，同时突出了机构知识门户的特色服务。

在机构知识库的基本服务的基础上，西安交通大学知识门户在展示学者学术成果的同时，动态追踪学术成果的收录情况、期刊的影响因子以及被引频次，并通过可视化图谱揭示学术研究者的科研网络状况，这样不仅能够掌握学者发表的学术成果类型，也对及时预测学科发展动态有了很大帮助。

在开放获取政策上，西安交通大学机构知识门户充分详尽地规定了其存缴政策、传播政策、服务政策以及权利与义务，规范了学术成果提交格式与提交流程，对学术成果的著作权与用户的隐私权做了明确规定，为更好地保证研究成果质量及 IR 后期维护与长期可持续发展奠定了基础。

在机构知识库的宣传推广上，西安交通大学利用了互联网、智能手机带给我们的便利，在机构知识门户首页扫二维码就可以通过新浪微博、微信平台搜索到西安交通大学图书馆同时也可以进入到西安交通大学移动图书馆，便于用户随时随地查看西安交通大学机构知识门户的信息资源，提高机构知识库的利用率，不断增强西安交通大学的学术声誉与知名度。

西安交通大学机构知识库门户的开发和建设经验对国内高校机构知识库的建设实践具有极为重要的借鉴意义。从宏观方面来讲，开放获取理念在全球范围内的广泛传播对我国机构知识库的建设发展提出了必然要求，由此国内掀起了构建机构知识库的浪潮。西安交通大学图书馆积极响应"武汉宣言"的号召，毅然迈出了高校机构知识库构建的重要一步，事实证明是十分正确的，为我国其他高校图书馆充分利用开放获取理念，大力传播科研学术成果带来了积极的影响。在以后的发展过程中，西安交通大学机构知识库应不断扩充资源数量及全文量，对于校外用户给予最大限度的开放获取，打破信息壁垒，实现资源共享。

8.3.4　兰州大学机构知识库的建设

兰州大学（Lanzhou University），以下简称兰大，是教育部直属的全国重点大学，位于甘肃省会兰州市。兰州大学前身是"甘肃法政学堂"，始建于1909年，1946年定名为"国立兰州大学"。1996年入选国家"211工程"，2001年成为"985工程"重点支持建设的高水平高校之一，是国家"111计划""珠峰计划""2011计划""卓越法律人才培养计划"的重点建设名校。全国首批具有学士、硕士、博士学位授予权和首批建立博士后科研流动站的高校之一。

兰州大学机构知识库的建设自2014年开始启动，由学校图书馆组织专业人员建成了专门的构建团队，积极与学校各部门沟通宣传，收集科研人员和部门对机构知识库的要求和建议，加速推进兰州大学机构知识库的建设。目前已完成34个学院、研究所的机构知识库建设，实现了多种类型的资源收录、上传与平台开发。截至2019年3月，已有条目量为145487项、全文量为31147项，访问量为4231236次，下载量为5079次。

1. 建设初衷

兰州大学作为教育部直属的重点综合性大学，学校的科研成果与日俱增。根据2014年兰州大学的科研数据统计报告显示兰州大学师生发表的学术期刊4000余篇，其中被科学引文索引·网络版（SCI（E））收录过半、被社会科学引文索引（SSCI）收录47篇、中国科学引文数据库（CSCD）收录1147篇、中文社会科学引文索引（CSSCI）收录532篇。同时伴随着学校科研工作的突飞猛进，还产生了庞大的灰色资源和隐性数据，如课件、原始实验数据等。如何存储这些丰富的科研资源，建设学校机构知识库就被提上了日程。一方面，机构知识库不仅能完整地收集和保管学校科研人员的学术资源，而且为及时展示学校科研人员的学术成果提供了一个数字化的交流平台；另一方面，机构知识库的开放获取政策可以促进知识的交流与创新，提高学校的知名度。同时利用知识库平台还可以对兰州大学的优势学科、著名学者的学术影响力进行评估，为相关部门做出决策提供数据依据。基于此需求，兰州大学以全球开放获取运动的开展为契机，积极投入到国内外机构知识库的建设洪流中去，为推动知识库成果在网络空间的传播和交流，提高兰州大学的知识库资产服务水平，兰州大学于 2014 年开始了机构知识库的建设工作，由图书馆专业人员组成构建团队，设计技术路线，积极宣传主动争求各部门和科研人员的意见建议、并取得了学校各部门的积极配合，为兰州大学机构知识库的建设奠定了基础。

2. 建设历程

兰州大学机构知识库的建设历程，如图 8 – 31 所示。

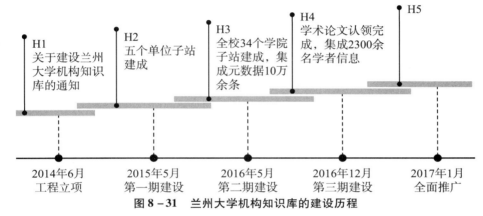

H1
关于建设兰州大学机构知识库的通知

H2
五个单位子站建成

H3
全校34个学院子站建成，集成元数据10万余条

H4
学术论文认领完成，集成2300余名学者信息

H5

2014年6月
工程立项

2015年5月
第一期建设

2016年5月
第二期建设

2016年12月
第三期建设

2017年1月
全面推广

图 8 – 31　兰州大学机构知识库的建设历程

资料来源：李伟. 兰州大学机构知识库建设策略与推广服务 ［C］. 2017 中国机构知识库学术研讨会论文集，2017。

1）2014 年 6 月工程立项

基于形势发展的需要，兰州大学校办下发文件《关于建设兰州大学机构知识库的通知》，开启了机构知识的建设之路。在校领导的支持下，图书馆领导高度重视，积极调研，召开专门会议，组建了以信息技术部工作人员为主的兰州大学机构知识库建设小组，迅速推进机构知识库的建设。

2）2015 年 5 月完成机构知识库的一期建设

结合本校的实际情况，兰州大学机构知识库建设采用了总网站主导、子网站覆盖的建设模式。即学校作为兰州大学机构知识库总网站，下设的各学院根据自己的专业特点分别建设各具特色的子网站，与总网站对接。据学校 2014 年发布的《关于建设兰州大学机构知识库的通知》，由图书馆具体负责兰州大学机构知识库的建设。2015 年 5 月已完成化学化工学院、物理科学与技术学院、管理学院、历史文化学院、图书馆等 5 个试点单位机构知识库一期工程建设内容（共收录期刊论文 21903 篇），并于 6 月投入运行。

3）2016 年 5 月完成二期建设

随着五个试点单位的数据库的建设成功，兰州大学开始在全校范围内推广子数据库的建设，结合前期的建设经验，在全校建成了 34 个子站，收集到元数据近 10 万条。

4）2016 年 12 月第三期建设完成

随着 34 个子机构知识库的建设完成，各学院根据自己的实际情况下发通知，请各位老师按照"新用户使用机构知识库指南"的说明，使用个人校内邮箱账号和密码登录机构知识库，激活"开放研究者与贡献者身份识别码"（即 Open Researcher and Contributor Identifier，简称 ORCID 号），完善个人信息并进行个人作品认领，知识库最终完成学者论文的认领工作，并集成 2300 余名学者的信息。

5）2017 年开始进入全面推广阶段，不断探索进行系统的升级改造

为了进一步提升兰州大学机构知识库的功能和体验效果，更好地服务学校科研教学和广大教职员工，图书馆于 2019 年 1 月 18 日正式上线新版兰州大学机构知识库。

3. 新版机构知识库的介绍

兰州大学机构知识库采用了新的版本，新版知识库采用目前主流网页设计版式，如图 8 - 32 所示，页面全新美观，自适应兼容电脑、平板、手机等跨屏一致化访问，体验效果增强，提供了基于"机构组织""作者""文献类型""学科分类""知识图谱"等几大维度的展示，供学者、学院管理者和校级管理部门使用。尤其是"知识图谱"突出数据统计分析功能及可视化图谱展示。面向教师学者，动态追踪其学术成果的被收录情况及成果被引频次；通过可视化图谱揭示学者学术科研网络，并可做出收录引证报告，突出其科研成果的学术价值和影响力，如 WOS 被引、CSCD 被引、H 指数、Altmetrics 指数等。面向学院，提供多维度多指标知识分析与评价服务，突出整体学术成果统计的可视化揭示。

图 8 - 32　兰州大学机构知识库首页界面

注：本图仅用于说明兰州大学机构知识库框架内容。
资料来源：兰州大学机构知识库。

1）机构组织

兰州大学组织机构是根据 34 个部门设置的页面，每一个部门都有独立的机构知识库主页，采用与总机构知识库相同的功能设计，如图 8 - 33 所示。

图 8 - 33　化学化工学院知识库界面示意

注：本图仅用于说明化学化工学院知识库首页。
资料来源：兰州大学机构知识库。

在其首页上显示"热点排行"，可以按照最新内容、总排行、月排行、周排行进行查找，如图 8 - 34 所示。同时也可以浏览作者及其学术主页，点击可以便捷地查看学院的学者专家，包括其基本信息、个人简介及其科研成果、期刊数量

图 8 - 34　"热点排行"界面示意

注：本图仅用于说明生命科学学院知识库首页。
资料来源：兰州大学机构知识库。

及合作作者等内容（详细内容在介绍兰州大学机构库的作者部分进行具体阐述）。每个学院都有知识图谱分析，有时候用户对自己的需求并不是很了解，同样在使用机构知识库时，用户可能并不知道自己该以什么样的检索方式来搜集自己所需要的内容，所以在机构知识库设置中将知识库的内容用知识图谱的形式表现出来，采用这种方式能更深、更广的显示出用户搜索结果的完整的知识体系。

2）作者界面

作者列表可按照作者姓名的首字母进行序列查找，亦可以在检索框中直接输入姓名检索作者。界面设计比较新颖、简洁大方，显示作者头像、所属院系、WOS 被引次数、CSCD 被引次数，及学者成果中所涉及的关键词，便于用户查找及了解学者的研究方向，凸显不同学者的不同学术价值，如图 8 – 35 所示。学者个人主页的设计比较独特，以资源环境学院的陈化虎学者为例进行阐述：兰州大学通过对论文元数据字段二次开发，有效实现数据增值服务，与其他知识库学者界面有所不同时，左侧导航中除了有个人简介、科研成果、收录类别等项目外，又增加了部分字段，比如来源，具体显示了作者科研成果的收录期刊名称及数量；增加了"资助者""资助项目"，如图 8 – 36 所示，自主设计 36 个资助单位和 98 个资助项目标准名，统一标识论文的研究经费来源等信息。增加了"论文出版者"，标识论文发表期刊的出版公司；增加了"第一机构"，标识作品的第一作者是否属于本单位。

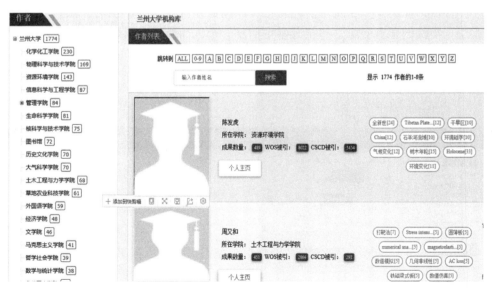

图 8 – 35 "作者"界面示意

注：本图仅用于说明机构知识库的作者界面，为保护学者个人信息图片为处理后的效果图。
资料来源：http://ir.lzu.edu.cn/browse – author。

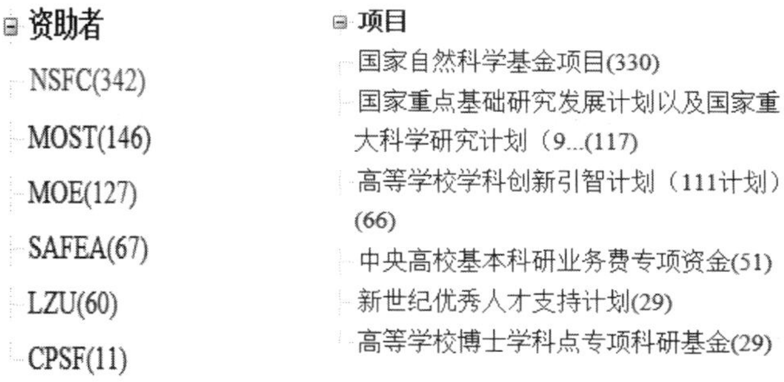

资助者
NSFC(342)
MOST(146)
MOE(127)
SAFEA(67)
LZU(60)
CPSF(11)
项目
国家自然科学基金项目(330)
国家重点基础研究发展计划以及国家重大科学研究计划（9...(117)
高等学校学科创新引智计划（111计划）(66)
中央高校基本科研业务费专项资金(51)
新世纪优秀人才支持计划(29)
高等学校博士学科点专项科研基金(29)

图 8－36　“资助者”“资助项目”界面示意

注：本图仅用于说明数据新增字段。
资料来源：兰州大学机构知识库。

点击学者的论文可以看到文献的名称、作者、时间、发表期刊、ISSN、卷号页码、出版者、出版地、关键词、作者部门、文献类型、收录类别、所属项目编号、语种、资助项目、项目资助者、WOS 记录号、第一机构，引用统计等信息。同时提供了一些个性服务，如推荐条目、保存到文件夹、查看该文章的访问量，保存文件等。链接了谷歌学术，百度学术等网站相关的文章及合作作者的文章，方便读者快速查找。设有“关键词云”和“成果统计”栏目，如图 8－37 所示，比较形象直观地展现学者的研究方向及近几年的发文情况。设有合作作者一栏，可以查看与学者关系比较密切的合作作者，除了显示合作作者姓名、合作论文数量外，还能快速的链接到合作作者的个人主页，可以查看到其详细的个人资料。合作作者中的合作方式可以是师生合作，以老师作为核心人物，这种合作类型在网络中很多。还有一种共识是机构内部人员合作，这种合作模式是学者之间学术交流的一种。使用“合作网络”分析工具，可以看出学者之间的师承关系。

关键词云
更多 >
PDSI
Asian monsoon
降水量
气候变化
环境变化
古土壤
青藏高原
China
全新世
OSL dating
黄土
Holocene
干旱区
石羊河流域
树木年轮
苏干湖
Tibetan Plateau
环境磁学
climate change
Climate change
成果统计
更多 >
34
22
14
0
0
2015
2016
2017
2018
2019

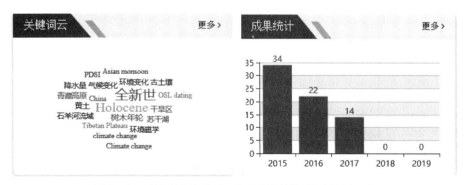

图 8－37　“关键词云”和“成果统计”栏目界面示意

注：本图仅用于说明关键词云及成果统计的设置。
资料来源：兰州大学机构知识库。

3）知识图谱界面

在图书情报领域，知识图谱被称为知识域可视化或知识领域映射地图，如图8-38所示，是显示知识发展进程与结构关系的一系列各种不同的图形，用可视化技术描述知识资源及其载体，挖掘、分析、构建、绘制和显示知识及它们之间的相互联系。兰州大学的 IR 在其首页设置了知识图谱界面，读者可根据自己的不同需求，查看满足自己需要的知识图谱，如笔者检索与兰州大学的合作机构，点击研究合作网络，根据自己的需求选择时间类型、时间范围、文献类型、点击分析，就会给读者展现合作网络图谱。例如笔者检索了兰州大学 2018 年与 2019 年的合作机构，通过知识图谱可以直观地看到不同年度的不同合作单位，如图8-39、图8-40所示。

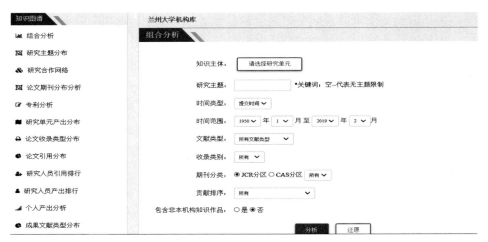

图 8-38　兰州大学知识图谱界面示意

注：本图仅用于说明兰州大学知识图谱。
资料来源：兰州大学机构知识库。

4）新闻与公告栏目

兰州大学机构知识库在首页滚动播出兰州大学的新闻与公告，可以让读者第一时间了解兰州大学的动向，使机构知识库起到传播门户的作用。与此同时，为了进一步推广兰州大学的机构知识库，在兰州大学官网，兰州大学各学院网站上都设有兰州大学机构知识库的专栏，便于读者查找与浏览，提高知识库的曝光率，如图8-41、图8-42所示。

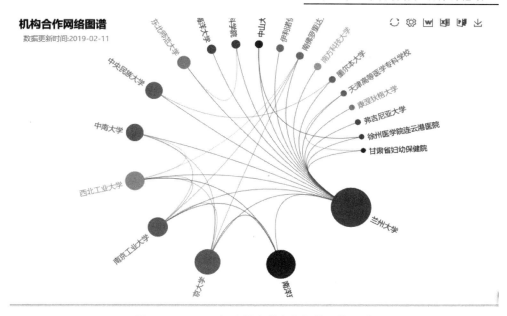

图 8 - 39　2018 年兰州大学合作机构网络图谱

注：本图仅用于说明 2018 年度合作机构。

资料来源：兰州大学机构知识库。

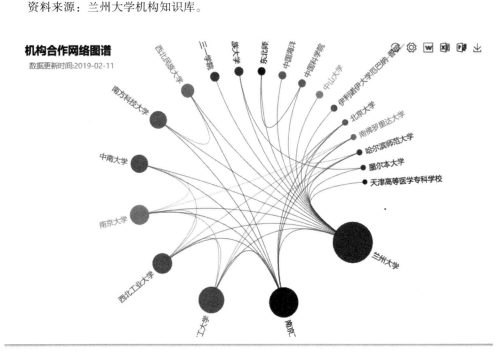

图 8 - 40　2019 年兰州大学合作机构网络图谱

注：本图仅用于说明 2019 年度合作机构。

资料来源：兰州大学机构知识库。

图 8－41　兰州大学官网首页界面示意

注：本图仅用于说明兰州大学官网首页设置。
资料来源：兰州大学机构知识库。

图 8－42　兰州大学数学与统计学院网站首页界面示意

注：本图仅用于说明兰州大学数学与统计学院网站首页设置。
资料来源：兰州大学机构知识库。

5）使用帮助

兰州大学机构知识库的使用说明非常详细具体，充分体现了为用户服务的理念。知识库说明分为用户操作指南和管理员操作指南两部分。此处仅以用户部分信息进行说明，对用户设置了用户的注册与登录说明、知识作品的提交管理说明、知识作品的浏览说明三个模块，如图 8－43 所示。

图 8 - 43　兰州大学机构知识库说明帮助手册界面示意

注：本图仅用于说明帮助手册。
资料来源：兰州大学机构知识库。

　　第一部分用户的注册与登录：用户注册分为三类，一是普通用户的注册，详细地介绍了注册页面如何填写；二是限制外部用户的注册，管理员设置了只有拥有指定域名的邮箱地址才能注册 CSpace 系统，否则不能注册；三是需要审核的注册，是指有时候系统管理员会设置注册完成等待管理员审核，管理员审核完毕才能登录（由此可见机构知识库的开放程度还是有限制的）。

　　登录说明分为普通登录和统一认证登陆模式：对于采用中科院邮件系统邮箱在 IR 中进行注册的用户，如果 IR 管理员已经申请了科技网统一认证登录的授权信息，并进行了站点参数配置，则注册用户可以选择"使用中国科技网通行证登录"的方式进入 IR 系统，简化程序。

　　个人工作空间主要介绍了学者如何提交作品、作品的认领与全文提交、如何编辑个人信息、用户的权限、收藏管理、个人作品的统计及作品收录印证等情况的查询，以及交流反馈等情况，便于用户熟练地进行操作。

　　第二部分关于作品的相关管理：用户指南对作品（主要指文本资源）的提交及修改给出了详细的介绍，便于调动学者自主提交作品的积极性，有利于机构知识库的可持续性发展。对于非文本资源（NTM），是指科研过程产出的以非文本形式表示或呈现的数字信息资源，常见的类型包括图像、音视频、研究数据、模型、软件等。对非文本资源的描述、存储、在线浏览等组织管理方式与传统的期刊论文、研究报告、专著、专利等文本类资源有很大的不同，用户指南也进行了详细的描述。

　　第三部分知识作品浏览：此项内容相对比较简单，用户可以根据常规的浏览方式进行浏览，也可以参考手册中的相对便捷的浏览方式，此处以不做赘述。

4. 经验总结

兰州大学机构知识库的设计模式采用"总机构库与子机构"结合的模式进行建设，在进行兰州大学机构知识库建设的同时，选取其他 5 个机构同时进行建设并试点，这样可以做到以点带面，其他院系知识库的建设就可以参照试点单位的建设，从而节省资源。兰州大学知识库在实践中不断摸索，不断创新，给大家呈现了比较新颖的页面区和强大的功能区，动态特点比较强，机构知识库地址便于查询，可以直接查找，也可以在兰州大学及其各院系官网中予以查找。兰州大学机构知识库在建设过程中体现以人为本的服务理念，提供了 QQ 在线服务，以帮助用户及时解决在使用过程中遇到的问题，同时还设有官方微博，反馈留言等栏目，以便于听取用户的意见和建议，不断提高机构知识库的服务功能，值得其他高校借鉴。当然我们也看到兰州大学机构库，在其资源类型的种类方面主要是以期刊论文、学术论文、会议论文为主，对于其他视频、画册、音频、课件、研究报告、预印本等文献资料还相对较少，同时文献的全文量也不是很多。相信在以后的发展过程中兰州大学会不断改进和完善，以给我们提供更优质的服务。

8.3.5 青岛科技大学机构知识库的建设

青岛科技大学是位于山东省青岛市的一所普通高等学校，是以工科为主，涵盖理、工、文、经、管、医等学科的综合性地方高校。其前身是沈阳轻工业高级职业学校，后迁至青岛改名为山东化工学院，开始正式从事高等教育的工作历程。之后又更名为青岛化工学院，2002 年正式更名为青岛科技大学，是一所多学科协调发展的省属重点大学。普通高校在我国高校中所占的比例很大，是我国高校的生力军，普通高校机构知识库的建设和发展直接影响我国高校机构知识库发展的整体水平，因此以青岛科技大学机构知识库的建设为例，来全面分析省属普通高校在机构知识库建设方面的经验，为我国高校机构知识库的建设和发展提供实践依据。

为顺应全球机构知识库的发展趋势，青岛科技大学于 2015 年即确定了建设青岛科技大学机构知识库的目标，由青岛科技大学图书馆牵头与同方知网进行合作，于 2017 年 12 月 12 日，青岛科技大学机构知识库正式上线。机构知识库对科研工作及其管理作用重大，是学校创新发展与科学研究的基础设施，直接服务于双一流建设。青岛科技大学机构知识库宣示了科研和学习大数据服务的启动，代表了智慧校园和智慧型图书馆的新起点、新征程。

1. 机构知识库建设的指导思想

在机构知识库的建设方面以资源为基础,不断收集、汇总自建校以来学校的各类科研成果,在资源的采集方面,依靠先进技术进行收集,同时鼓励教师自我存缴;制定具体的管理规范来保障机构知识库的建设。同时追求机构知识库的特色发展、扩大宣传、树立为用户服务的理念,促进机构知识库的内涵建设。

2. 机构知识库的建设目的

(1) 为学校进行资产的管理、传播提供支撑。机构知识库的建设能有效地存储本机构的知识成果,通过教师的主动存缴,做到不断丰富资源内容,有益于资源建设的可持续性发展,促进机构知识的传播,提升机构的影响力,推动知识成果的不断更新。

(2) 为机构申报科研项目提供参考。通过机构知识库可以看到近年来学校的重要成果及该成果的发展趋势,通过统计分析能反映出重点学科及重要学者的研究方向,便于用户了解当前的研究热点,为后续的科研发展提供可以参考的路径和方向。

(3) 为科研、人事处等部门提供数据支撑。以前科研处的工作模式是督促二级学院主动上报近期的研究成果,然后由科研处进行汇总。现在利用机构知识库能准确地知悉学校及学者的科研情况,并能实现资源的定期更新,做到数据准确规范,简化了工作程序。同时,机构知识库也为人事处进行职称评审工作提供了很大的便利。职称评审关乎每一名教师的职业规划及自身的利益,所以教师能够自觉主动地做好成果的申报工作,互利合作,实现共赢。机构知识库的数据还可以调用,减少了各部门之间的重复劳动,提高了工作效率。

(4) 为学者提供成果管理工具。机构知识库梳理展示了学者的全部科研成果,进行了多层次的统计分析,展示学者成果的数量、收录情况、类型及发展趋势。通过对科研成果进行同行评述,便于思想火花的碰撞,新的灵感的产生。在有效保存学者成果的同时还能通过用户浏览提升学校和学者的影响力。

3. 机构知识库的建设历程

青岛科技大学机构知识库是基于开放获取理念的知识存储、学术交流与资源共享的开放平台,是学校创新发展与科学研究的基础设施,它系统地保存了学校至 1950 年建校以来的九大类智慧与文化成果,完整地梳理了 82 个院系团队及三千多学者的所有学术产出。其建设遵循六项原则,即"以资源为基础,以技术为依托，以服务求支持，以管理求质量，以项目促投入，以特色谋发展"，拓展了图书馆的服务功能，提升了青岛科技大学及其科研人员的学术影响力。

青岛科技大学机构知识库建设历程的时间轴如图8-44所示。青岛科技大学图书馆对机构知识库的认识始于2015年4月。经过广泛调研，明确了机构知识库对高校教学、科研及发展的重要作用，学校图书馆多次到学校各部门调研，走访了学校人事处、科技处、人文社科处、发展规划处等职能部门和科研人员，了解到在职称评定、项目申报、成果报奖等环节都离不开学校各类科研成果的统计，在学校发展方向上也急需真实、有效、及时的数据分析，如ESI学科分析报告、人才引进科研成果的查收查引等，科研人员和团队在科研成果的交流、推广、团队的建设等方面也缺乏交流平台。因此在2016年5月，全校各部门达成共识：尽快建设青岛科技大学机构知识库。学校领导高度重视，于2016年6月立项，并组建了青岛科技大学机构知识库建设团队。2016年7月开始考察机构知识库的建设平台，最终与同方知网（北京）技术有限公司达成合作，以知网擷睿机构知识库建设平台（CNKI Institutional Repository Platform，CIRP）为依托，以青岛科技大学图书馆为主体建设青岛科技大学机构知识库。经过一期的数据建设于2017年7月进行了试运行，之后进行了模块调整和平台更新，并于2017年12月平台正式上线，同时将青岛科技大学作为中国知网机构知识库建设的示范基地。历经近两年的运行和调整，2019年4月二期建设正式开始。

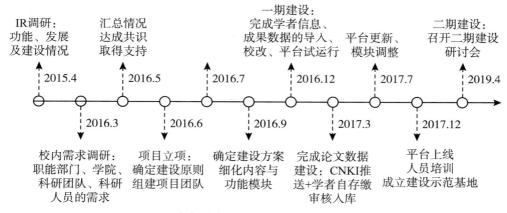

图8-44 青岛科技大学机构知识库建设历程时间轴

资料来源：笔者整理所得。

4. 机构知识库的功能架构

青岛科技大学机构知识库平台的建设采用的是同方知网撷睿机构知识库的建设平台（CNKI Institutional Repository Platform，CIRP），能够实现青岛科技大学机构成果的管理、服务、展示、传播和应用。CIRP 平台以 CNKI 的数据作为支撑，进行定时传递和持续更新，确保了机构知识库的持续发展。青岛科技大学机构知识库的功能架构如图 8 – 45 所示。

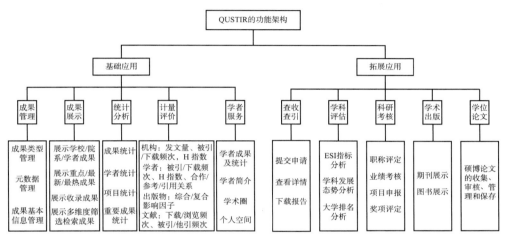

图 8 – 45　青岛科技大学机构知识库功能架构

资料来源：笔者整理所得。

青岛科技大学机构知识库的功能主要包括基础应用和拓展应用两个方面。基础应用包括成果管理、成果展示、统计分析、计量评价和学者服务。拓展应用包括论文的查收查引、学科评估、科研考核、学术出版、学位论文等服务。

5. 机构知识库的内容介绍

青岛科技大学机构知识库完整收集了 1950 年建校以来 9 大类智慧与文化成果，梳理了 84 个院系部门及 3000 多个学者的所有学术产出。截至 2019 年 3 月，机构知识库成果总量达到 51006 项，其中全文量 37408 项，科研项目 908 项，共有学者 3697 位，成果浏览量达到 3892 人次，成果下载量为 275 项。

机构知识库首页由"院系""学者""成果""科研项目""统计""学术出版"等几个模块组成，如图 8 – 46 所示。

图 8 – 46 青岛科技大学机构知识库首页示意

注：本图仅用于说明机构知识库框架内容。

资料来源：青岛科技大学机构知识库。

1) 院系

院系导航中展示了青岛科技大学的 87 个单位，包括计算机与化工研究所、配位化学研究所、高分子工程材料研究所等 15 个研究机构，化工学院、机电工程学院、材料学与电子工程学院、经济与管理学院等 68 个学院。如图 8 – 47 所示。

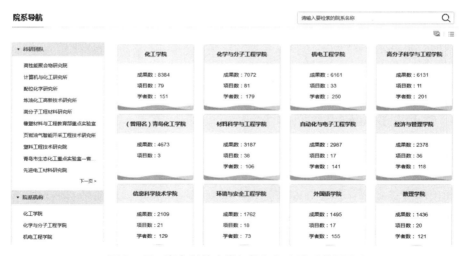

图 8 – 47 青岛科技大学机构知识库院系首页示意

注：本图仅用于说明院系首页设置。

资料来源：青岛科技大学机构知识库。

页面按照各个机构的成果总数进行了排序，排在前五位的是化工学院，化学与分子工程学院、机电工程学院、高分子科学与工程学院、（曾用名）青岛化工学院。用户可以直接通过界面显示查看到学校的优势院系，也可以通过检索框直接输入院系的名称来查询该院系的情况。以化工学院为例进行分析。

化工学院页面首先展现的是该校曾用名"青岛化工学院"的简介，记录了化工学院的历史沿革。汇总了化工学院的成果总量、学者、被引频次、H指数、成果浏览量及下载量等信息。点击"学术成果"，可以看到化工学院的成果类型、包含的学科、成果的收录情况、基金项目、作者、来源、主题、年份、有无全文、语言种类等基本信息，所列项目比较齐全；科研项目主要展示项目来源、项目级别、项目负责人及年份等信息；统计分析比较直观化，展示了成果量、被引量、关键词、成果收录、基金成果、成果分布、科研项目、合作机构、合作国家、学者排名等信息，如图8-48所示。

图8-48 化工学院内容介绍页面界面示意

注：本图仅用于说明化工学院内容介绍。
资料来源：青岛科技大学机构知识库。

成果量统计如图8-49所示，形象地展示了从2005～2019年的成果数量及全文量，通过统计图可以看出各年份成果的具体数量，其中2015年的成果产出最多。图形可以切换包括柱状图或折线图，同时还可以还原成数值，进行下载或导出为Excel文件。

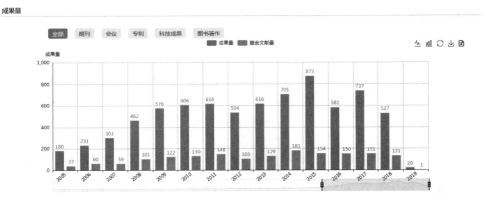

图 8 – 49　成果量统计

注：本图仅用于说明化工学院的成果统计。
资料来源：青岛科技大学机构知识库。

被引量统计如图 8 – 50 所示，展示了不同年份成果的被引次数，具体列举了化工学院从 1980 ~ 2019 年成果的被引频次，化工学院 2009 年研究成果的被引量最多，此后年份有所下降。图 8 – 50 所示页面可以根据用户的喜好转换格式，还可以下载和保存图片。

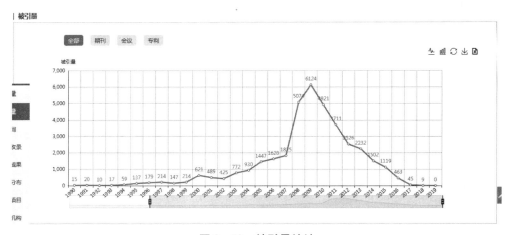

图 8 – 50　被引量统计

注：本图仅用于说明化工学院的被引次数。
资料来源：青岛科技大学机构知识库。

关键词统计如图 8 – 51 所示，可以清晰地看到学者们研究的领域，有利于用户整合相关领域的研究热点。其他项目不再一一介绍。

图 8 – 51 关键词统计

注：本图用于说明关键统计信息。
资料来源：青岛科技大学机构知识库。

2）学者风采

青岛科技大学目前学者 3697 人，机构知识库梳理了我校学者历年科研成果，并提供多种可视化分析，从多维度揭示学者学术影响力，为学者个人提供科研风采展示平台。学者页面设有学者导航，可以按照"荣誉学者""职称""院系"进行查询，也可以直接点击学者的头像进行查询，列举了四种排序方式：默认排序、姓名排序、成果量排序、第一作者成果量排序。搜索框设置高级检索，用户可根据自己已知的信息进行检索，如输入学者姓名、工号、机构、研究方向等信息。

学者的主页设计包括"学术成果""简介""学术圈""统计分析"等内容，如图 8 – 52 所示。

（1）学术成果：主要包括作者公开发表的论文、指导的学术论文、科研项目等。具体显示成果的主要类型、收录情况、基金项目、来源、年份、语种等信息。

（2）学者简介：包括学者的基本信息，如研究方向、学术兼职、学术头衔、科研奖励、荣誉科研项目等内容。

（3）学术圈：可以显示学者的合作作者及合作作品的数量。点击可以查看合作作品的具体信息。学术圈还显示学者的合作关系、引用关系、被引用关系。通过学者主页深入了解学者研究方向，可以即时联系所关注学者，促进成果转化与学术合作。

（4）统计分析包括研究轨迹、成果趋势、成果收录、成果分布、文献分布等信息，其中研究轨迹显示学者在不同年份所研究的不同领域及历年的不同变化，比较清晰地绘制出了学者的学术发展路线，如图 8 – 53 所示。

图 8 – 52　青岛科技大学机构知识库学者界面示意

注：本图仅用于说明学者界面。

资料来源：青岛科技大学机构知识库。

图 8 – 53　青岛科技大学机构知识库学者详细分析界面示意

注：本图仅用于说明学者的统计分析。

资料来源：青岛科技大学机构知识库。

3）统计

主要包括"成果统计""重要成果统计""项目统计""学者统计"四个维度。

（1）成果统计：显示了青岛科技大学从 1990 ~ 2019 年这段时间每年的成果量及被引量，通过图表显示在 2009 年成果的被引量达到峰值 14819，此后年份有所下降。成果量在 2017 年达到最高。同时还详细地列举了不同学科的科研成果量，可以一目了然地分析出学校的优势学科。

（2）重要成果统计：突出了青岛科技大学的重要成果的基本概况。其中包括重要成果的占比、重要成果的院系分析，各学科重要成果的占比及重要成果的变化趋势，便于科研人员分析发展趋势，在热点领域创新突破。

（3）项目统计：显示了项目分布、院系科研项目及学者科研项目三个维度。科技大学的科研项目来源主要有国家自然社会基金课题 451 项、教育部项目 294 项、山东省艺术科学重点课题 35 项以及国家科学计划和山东省自然科学基金项目等。

（4）学者统计：学者统计比较形象地展现了青岛科技大学的师资力量。其中展示了荣誉学者，学者的职称、学历及年龄等的比例结构，如图 8 - 54 所示。

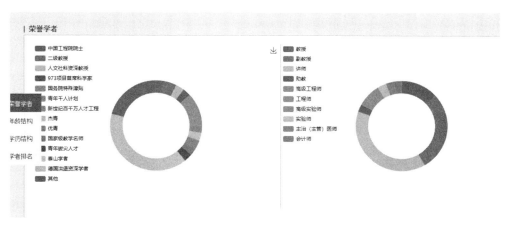

图 8 - 54　学者统计数据界面示意

注：本图仅说明学者统计数据展示效果。
资料来源：青岛科技大学机构知识库。

如图 8 - 55 所示，青岛科技大学中国工程院院士 1 人、二级教授 3 人、人文社科资深教授 2 人、985 项目首席科学家 1 人、享受国务院津贴 6 人、千人计划 2 人、国家级教学名师 1 人、泰山学者 7 人。学者的职称主要是教授 245 人，占比 14.1%；副教授 533 人，占比 30.68%；讲师 722 人，占比 41.57%。学历结构中博士 850 人，占比 38.81%；硕士 654 人，占比 29.86%；本科 526 人，占比

24.02%。基本年龄结构为 31~40 岁年龄段最多，占比为 48.91%；41~50 岁年龄段占比为 31.92%；51~60 岁年龄段为 11.96%，由此可见科大的师资力量配比相对比较科学。

图 8-55 青岛科技大学学术出版界面示意

注：本图仅说明学术出版物展示效果。
资料来源：青岛科技大学机构知识库。

4）学术出版

图 8-55 显示了青岛科技大学出版的刊物，主要有青岛大学学报（自然科学版）和青岛科技大学学报（社会科学版），包括创刊时间、周期、曾用名、数据库收录期刊信誉等基本信息。可以详细查看每一期的目录浏览及具体文章内容，为用户查找相关文章提供便利。

6. 经验总结

青岛科技大学机构知识库在建设的过程中比较注重机构知识库的基本应用与拓展服务。

基本服务包括成果展示、成果管理、成果统计、计量评价等功能。成果展示是机构知识库的主要内容，展示了青岛科技大学、各院系及诸多学者的成果；可以通过多维度筛选、多条件检索来获取相关的信息。成果管理主要包括成果类型、元数据管理，还详细规定了成果认领、审核、修正、添加等内容。成果统计包括前台—学校、院系、学者可视化统计；后台—自定义组合统计、建设统计、使用统计。计量评价包括文献—下载/浏览频次、被引/他引频次、出版物—综合/复合影响因子、学者—被引/下载频次、H 指数、合作/参考/引用关系、机构—发文量、被引/下载频次、H 指数等。

机构知识库的拓展服务也是针对用户体验应格外重视的环节。主要包括四个方面的内容，学科评估、查收查引、科研考核、学术出版。科研评估从多维度为学科建设提供参考，如 ESI 指标分析、学科发展分析（包括学科竞争力、发展趋势、贡献度等的分析）、大学排名分析（指自然指数、QS、US news 等的排名分析）。查收查引是指对某科研人员的论文被收录或被引用的情况的检索。通过对接国内外重点收录/引文索引库里的收录成果，机构知识库可自动生成查收查引报告，解决项目申报、职称评定等实际问题。科研考核选择相应考评标准，快速对每年科研产出进行整体考核，自动生成科研成果报告。学术出版主要发布和管理本机构主办的期刊，出版的图书等出版物。

　　青岛科技大学相比于同水平的兄弟院校，机构知识库的建设还是走在前列的。学校充分考虑了自身的状况，在软件建设方面采用了商业软件，与同方知网合作，利用了对方的长处，节省了时间，比较顺利地进行了机构知识库的建设，总体运营状况相对不错。目前机构知识库存在的问题是开放程度不够，对于机构知识库的网址还不能直接搜索得到，只能先进入青岛科技大学图书馆网站才能打开查看，对于校外的用户还不能够做到即时访问，在以后的发展过程中应注重对开放获取政策的理解和应用；扩充机构知识库资源的数量及类型，提高资源质量。总之，机构知识库的建设发展还有很长的路要走，需要各方的不断努力才能真正体现知识库的价值，促进知识的共享和学术的进步。

第 9 章

中国资助机构知识库的发展建设——国家自然科学基金基础研究知识库

国家自然科学基金基础研究知识库（Open Repository of National Natural Science Foundation of China，NSFC – OR），是我国学术研究的基础设施，是由国家自然基础资金委员会设立的，负责收集和长期存储国家自然科学基金资助项目所产生的科研论文全文及元数据，并向社会公众开放，实现开放获取，努力成为我国促进科技进步的开放服务平台。为传播我国基础研究领域的前沿科技知识和科技成果奠定基础。

中国国家自然科学基金委 2018 年参加了德国马克斯普朗克协会召开的第 14 届柏林开放获取 2020 会议，并发表声明，指出中国支持开放获取 2020 会议内容、支持开放获取 S 计划，对中国公共资助项目产生的科研论文支持立即实现开放获取，为我国全面实施开放获取做出了表率。国家自然科学基金基础研究知识库作为开放获取知识库建设的最佳实践者，将对国内基金资助项目的开放获取和科研机构建设本机构知识库提供有价值的实践经验。

9.1 建设初衷

国家自然科学基金项目是我国自然科学基础研究领域最高级别科研项目，代表着自然科学基础研究的最高水平。国家自然科学基金主要支持自然基础研究项目，在全国范围内，对有着良好研究条件的机构及高校的自然研究项目进行资助，力度较大。国家自然科学基金资助的论文占全球 1/9，数量很多，论文质量也很高。

在世界上各个国家都设有公共资助资金，用于资助本国重要的、有发展新景、知识创新的科研项目，以此来带动科技的发展进步。因此受公共资金资助的科研管理项目理应作为公共资源，在全社会进行开放获取，以促进知识的广泛传播，让科研转化成科技创新能力，促进科学事业的不断发展，造福于全人类。为此，2014 年 5 月国家自然科学基金委员会发布了受资助项目科研论文的开放获取政策："自本政策发布之日起，国家自然科学基金全部或部分资助的科研项目投稿并在学术期刊上发表研究论文的作者应在论文发表时，将同行评议后录用的最终审定稿，存储到国家自然科学基金委员会的知识库，不晚于发表后 12 个月开放获取。如果出版社允许提前开放获取，应予提前；如果论文是开放出版的，或出版社允许存储最终出版 PDF 版的，应存储论文出版 PDF 版，并立即开放获取"。按照《关于受资助项目科研论文实行开放获取的政策声明》的规定，2015 年 5 月国家自然科学基金委员会正式开通"基础研究知识库"，回溯国家自然科学基金资助项目成果研究论文 135100 篇，包含 20 多万个作者，涉及 9700 多种期刊。

9.2　软件的选择

基础研究知识库是基于推动开放获取运动而建设的，确保其所资助的科研成果能够开放获取，因此在软件选择方面主要以开源软件用为主。目前世界上使用的开源软件主要有 DSpace、Fedora、EPrints 等，这些软件发展的都较成熟，而且可以免费使用。

DSpace 软件系统是由 MIT 与惠普公司共同研发的免费的开源软件，其源码遵循 BSD 开放源代码许可协议。可根据需要进行二次开发；Fedora 是由 Comell 和 Virginia 大学一起开发研制的，是免费的开放源代码的数字对象管理系统，应用广泛，其特色是较强的知识库体系和对数字对象的管理能力，使其系统具有较强的扩展性和灵活性，这一特点对于建设一个功能全面、特色鲜明的机构知识库具有重要意义；EPrints 由英国南安普顿大学研发，EPrints 能以相对较低的技术花费与较快的速度被注册运行，灵活性很好，用此系统建设机构知识库时能根据机构的自身特点和需求进行系统改进。通过调研分析发现目前在国内 DSpace 软件使用比较多，比如中科院、厦门大学、中国人民大学、北京大学等都使用了 DSpace 系统进行二次开发，其技术比较成熟，功能相对而言比较完善。因此，国家基础研究知识库使用了 DSpace 系统，并基于开放获取的需要进行了二次开发，达到了存储资源元数据、软件和全文的完全开放。

9.3　机构知识库内容介绍

国家自然基础基金知识库界面设置比较优美别致，色彩搭配醒目，能吸引用户的注意，如图 9-1 所示。主要有四大模块："首页""成果检索""分类导航""使用指南"。每个模块的设置都充分考虑到用户的使用体验。因为机构知识库是为科研人员的研究提供服务的，其系统数据的展示途径直接影响到使用者的感受，因此在构建 NSFC-OR 的过程中，系统专门设置了"热门浏览""搜索""成果关联"数据展现途径。此外，为促进国内外学术交流，机构知识库首页使用了中、英两种语言、采用两种界面，这样即可便于外籍科研人员共享资源又可提升机构库的知名度和使用率，为国际合作搭建了平台。

图 9-1 国家自然基础知识库界面示意

注：本图仅用于说明机构知识库的框架内容。

资料来源：http：//or. nsfc. gov. cn/。

1. 热门浏览

为了更加方便浏览，建设团队通过设计 Tab 切换将根据各学科特点而指定的八大热门学科与"热门浏览"模块充分对接，缩短了浏览时间，提高了使用效率。为尽快吸引用户视线，设计者将"热门浏览"设置成幻灯片加彩色背景简约图标 Tab 切换的形式，使图标易于捕捉、简化搜索。"热门浏览"展示 NSFC-OR 所收录的近期热门科研成果，按研究领域自动轮流切换，方便读者了解当前的热门学科，如图 9-2 所示。点击某一学科领域，相应的近期热门成果将显示在下方并显示浏览量。点击成果标题，即可打开成果信息页面，可以揭示单独一件成果的基本书献属性，有的还提供全文下载和阅读。具体包括作者、期刊名称、发表时间、关键词、中英文摘要、资助类型、项目编号、项目名称、研究机构、所属学科、使用许可等信息。其中成果信息页面中显示红色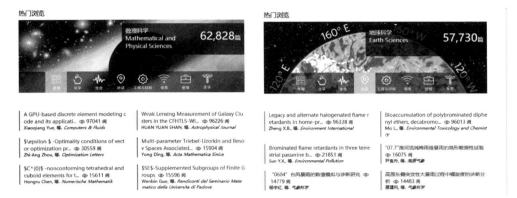图标就表示该文可以全文下载，并显示下载数量，点击红色下载标记，即可方便的查看全文并下载。

图 9 - 2　"热门浏览"界面示意

注：本图仅用于说明浏览界面。
资料来源：http：//or. nsfc. gov. cn/。

2. 首页搜索栏

资源搜索是知识库的最重要的功能点，在页面设计时将其放在左上角，并加宽搜索栏长度，方便用户输入，突出显示这一模块，如图 9 - 3 所示。在搜索栏中输入想要查找的成果的标题、作者、关键词等检索词，即可快速得到符合条件的成果列表。

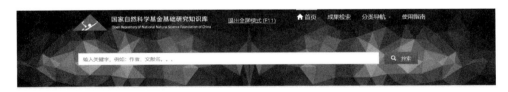

图 9 - 3　资源搜索栏界面示意

注：本图仅用于说明首页搜索栏样式。
资料来源：http：//or. nsfc. gov. cn/。

3. 成果检索模块

点击进入显示成果检索页面，如图 9 - 4 所示，在搜索栏输入关键词会显示成果信息，在该页面可以清晰地看到文章能否实现全文下载。条目列表的左侧还可见到一列"限定搜索范围"，其中包括资助项目、发表期刊、发表日期、研究领域、作者、语言等选项可供选择，用户可以根据自己的需要自主选择。界面还提供高级检索，点击"搜索"按钮的右侧小三角▼按钮，即可开启高级检索框，如图9-5所示。

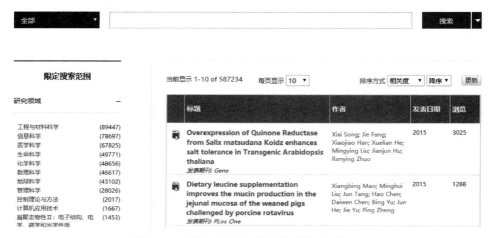

图9-4 "显示成果检索"页面界面示意

注：本图仅用于说明成果检索模块的设置。
资料来源：http：//or. nsfc. gov. cn/nsfc - search。

图9-5 "高级检索"界面示意

注：本图仅用于说明高级搜索设置。
资料来源：http：//or. nsfc. gov. cn/nsfc - search。

用户可以根据自己的需要从中添加、移除过滤器从而指定多个检索条件，使检索到的结果更加明确具体。检索结果可按照相关度、题名、发表日期排序。

4. 数据细览模块

在网站首页的数据细览模块设置了四个快捷链接，用于分面检索，即"资助类型""发表期刊""研究领域""研究机构"，按 NSFC – OR 所收录的成果数量降序排名，各类分别取前十名展示，如图 9 – 6 所示。用户也可以通过分面检索快速地检测到自己需要的信息。

图 9 – 6　数据细览模块界面示意

注：本图仅用于说明数据细览设置。
资料来源：http：//or. nsfc. gov. cn/。

5. 成果关联展示

成果关联指用户在检索某一科研成果时，同时也能查看到与该成果有关联的所有信息，如相关科研项目、相关科研团队、发表的相关论文等以及此成果作者的情况，包括作者的个人信息、研究领域、发表成果、所在团队、合作单位等信息。简化了检索程序。如图 9 – 7、图 9 – 8 所示。

6. 政策声明

NSFC – OR 自上线以来，运行比较稳定。通过分析发现知识库的新访客的数量不断增加，说明 NSFC – OR 的影响力一直在逐渐扩大。通过数据分析，发现入口访问页的统计中，政策声明页的访问量也明显增多，凸显各界对开放获取政策的关注。开放获取政策包括两个说明：关于受资助项目科研论文实行开放获取的政策声明和关于基础研究知识库开放获取政策实施细则，对于储存内容、版本，如何提交、如何使用，知识产权、免责条款等方面都做出了说明。

以便用户更深入地了解机构知识库的相关规定。2018 年 12 月下发了关于开通国家自然科学基金基础研究知识库免费使用的通知，更好的落实了机构知识库的开放获取政策。

图 9 - 7　成果关联展示模块界面示意

注：本图仅用于说明研究项目的关联。

资料来源：http：//or. nsfc. gov. cn/handle/00001903 - 5/557249。

图 9 - 8　按作者关联信息界面示意

注：本图仅用于说明按照作者的关联。

资料来源：http：//or. nsfc. gov. cn/。

7. 数据快览

数据快览以图表的方式直观地展现了机构知识库的资源数量、研究机构、作者数量、下载量等相关信息，如图 9 - 9 所示。

数据快览

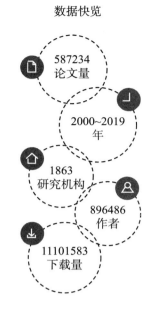

587234
论文量

2000~2019
年

1863
研究机构

896486
作者

11101583
下载量

　　2018年11月23日，国家自然科学基金基础研究知识库（以下简称基础研究知识库）完成了2018年度的数据更新工作。

　　本次共计更新成果全文68710篇，其中期刊论文全文61083篇（数理科学部7362篇、化学科学部7533篇、生命科学部7244篇、地球科学部6281篇、工程与材料科学部11531篇、信息科学部7949篇、管理科学部3957篇、医学科学部9226篇），会议论文全文7627篇（数理科学部468篇、化学科学部383篇、生命科学部292篇、地球科学部397篇、工程与材料科学部1762篇、信息科学部3494篇、管理科学部435篇、医学科学部396篇）。

　　截至目前，基础研究知识库已公开自2000~2018年度共计587234篇研究论文全文，涉及1863家研究机构896486位作者，下载量达到11101583

图 9 – 9　数据快览模块示意

资料来源：笔者根据资料整理所示。

9.4　经验总结

　　作为国内资助机构，国家自然科学基金基础研究知识库的建成是我国同类机构建设开放获取知识库的成功案例。作为我国公益性的资助机构，率先践行了开放政策，实现了文章全文下载，真正做到了"开放获取"，给其他机构知识库做出了表率。在机构知识库的建设过程中，建设团队始终秉承以用户体验为中心的理念，认真学习国外各机构知识库的建设经验，注重对机构知识库网站的建设，在知识库界面设计时，将重要的常用的功能设置在用户不需要拉动右侧鼠标就可以看到的区域即我们所说的第一屏的位置。在第一屏中展示了"资源搜索、热门浏览、关于我们、政策声明、数据快览"等模块。同时按照用户从左到右的浏览习惯，设计了"搜索栏"→"热门浏览"→"关于我们"→"政策声明"的"Z"形浏览轨迹。考虑到目前许多用户对机构知识库及其开放获取政策不是很了解，因此将知识库首页第二重要的位置设置成"关于我们"和"政策声明"模块，借以引起用户的注意，增加浏览的概率。"关于我们"主要介绍了机构知识库的内涵及作用。政策声明包含了国家自然基础基金对于受其资助的科研项目实行开放获取的政策及其实施细则。机构知识库的建设紧密地围绕开放获取政策，并在相关网站中发布机构知识库的最新进展及最新通知，实现无障碍的全文下载。作为公共资助机构，根本目的是促进全社会的知识发展与创新，因此对用户免费开放。在知识库以后的建设中，还要继续挖掘知识库的功能与服务，使机构知识库真正发挥其应有的价值。

第 10 章

机构知识库联盟建设

10.1　中国科学院机构知识库

中国科学院（Chinese Academy of Sciences，以下简称"中科院"）成立于 1949 年 11 月，为中国自然科学最高学术机构、科学技术最高咨询机构、自然科学与高技术综合研究发展中心。目前中国科学院有 12 个分院，分布在不同的地方。主要对国家发展中的重大科学技术问题提出研究报告，对重大决策事项提供咨询服务，对重要研究领域和研究机构的学术问题进行评议和指导。

基于开放获取运动，中科院做出表率，建设了中国科学院知识库网格服务系统。中科院机构知识库，向全球提供各研究所机构知识库保存的科研成果的开放检索与利用，访问和下载量逐年迅速增加。中国科学院机构知识库体系作为世界最大的公共资金资助科研成果共享系统之一，有效促进了科技成果的广泛传播和及时利用，成为公共资金资助科研成果开放共享的有力推动者和重要贡献者，引领了我国公共科研成果的开放共享。中科院知识库网格服务系统目前已有 114 个成员单位，成果总量达 967206 条。

10.1.1　建设缘起

开放存取（Open Access，OA）运动的初衷是解决"学术期刊出版危机"，推动科研成果利用 Internet 自由传播，促进学术信息的交流与出版，提升科学研究的公共利用程度，保障科学信息的长期保存。它为研究者提供了成果发布和获取的直接渠道，以较低的成本和较高的效率，扩展研究成果的发布、获取和存储途径，促进科研、教学与生产能力的提高，使信息流通的路径缩短、成本降低。因此于 20 世纪 90 年代末在国际学术界、出版界、信息传播界和图书情报界大规模地兴起。

开放获取的两大模式，一是开放获取期刊（Open Access Journal）、二是机构知识库（Institutional Repository，IR）。机构知识库是科研机构实现知识资产管理和机构知识成果传播的平台，是实现开放获取的主要手段之一。在世界范围内，随着开放获取运动的蓬勃发展，国外的机构知识库呈现出高质量、高速度的发展趋势。与之形成鲜明对比的是，我国内地（大陆）地区的机构知识库的发展却非常缓慢。中科院作为国家最高学术机构，有着浓厚的科研氛围，各个研究所的科研产出与日俱增。随着科研成果数字化程度的不断加深，为了更好地保存资源，中科院开始筹划知识库网格建设，并进一步深化资源开放服务内容，为我国开放获取运动与国际接轨奠定基础。

10.1.2　建设过程

1. 建设模式

中国科学院是国内最早开展机构知识资产管理的机构之一。从 2007 年开始筹划在中国科学院范围内开展研究所机构知识库的建设，并提出了构建中国科学院机构知识库网格（Chinese Academy of Sciences Institutional Repsoitories Grid，CAS IRGrid）的建设框架：由中国科学院图书馆负责中科院机构知识库系统开发，采用"试点 – 试用 – 推广"的模式推动各研究所机构知识库的建设，最终通过元数据开放聚合建立起中科院联合的 IR 网格服务系统，来整合中科院各研究所机构知识库资源并使其在机构知识库中集中展示，借此促进中科院知识成果的共享和交换。

2. 试点单位的选取

中科院机构知识库网格在建设的规程中采用"先选择试点进行示范，然后由中科院其他研究所进行推广，并逐步完善"的策略。试点单位要起到带头示范作用，因此选择哪一家下属机构作为试点就格外重要。中科院下属的研究单位有100 多所，各研究单位都有自己的特色，发展情况也不尽相同。对于如何选择，中科院图书馆从主观和客观两个方面进行了筛选：一是试点单位需要具有良好的信息条件，以利于知识库的系统操作；二是试点单位必须对知识库的建设有所了解，有建设的热情、有高度的责任感。经过不断的调研、洽谈，最终选定力学研究所作为试点单位进行知识库的建设。中科院图书馆作为主要的负责机构也开始搜集本机构的科研产出，进行中科院国科图机构知识库的建设，并制定机构知识库的管理办法，起到了很好的示范作用。到 2008 年底，试点与示范建设均已初具规模，如图 10 - 1 所示。

图 10 - 1　研究所 IR 试点与示范建设示意

资料来源：笔者整理所得。

3. 建设推广模式

从 2009 年开始，中科院图书馆根据需求调研、制定推广政策，开始对有意向的相关人员进行培训。经过试点和示范项目，2009 年 4 月 30 日，中科院联合机构知识库的建设项目正式启动。中科院联合机构知识库建设项目整体上采取"自上而下"的模式，决定了大范围建设推广的起点是每个相对独立的研究所。建立了院所系统推进共建制度，由中科院图书馆学科馆员、技术人员协助研究所进行 IR 建设。技术人员主要为研究所机构知识库建设提供技术支持。学科馆员一方面要对各研究所提供咨询，另一方面还会根据各研究所的不同要求参与到具体的建设环节中去，主要涉及机构知识库平台的搭建、政策的制定以及资源的存缴方面。截至 2010 年 4 月，在一期推广中，已建立机构知识库 60 多家，超过预期建设数量，此后研究所知识库建设突飞猛进。

在二期推广建设中，中科院不断加大数据库的建设力度，利用集成服务门户开始同步进行平台的开发和数据的采集，迄今为止已有 100 多家成员单位，形成了比较成熟的中科院联合机构知识库。

10.1.3　中科院知识库功能介绍

机构知识库由"首页""机构""成果""学者"四个模块组成。2019 年 4 月进行了机构知识库主页的更新设计，使机构知识库的界面设置更加美观并增强了服务功能的实用性，如图 10 - 2 所示。

1. 首页

主要展示了机构知识库页面设置特点。浏览界面首先是搜索栏，用户可以根据所知的关键词进行搜索，同时显示机构库成果的主要资源种类及数量，具体内容如图 10 - 3 所示。其后还设有"成果浏览与检索""机构导航""学者主页"

"知识统计与分析"等模块。

图 10 - 2　中国科学院机构知识库网络界面示意

注：本图仅用于说明中科院机构知识库内容。
资料来源：http://www.irgrid.ac.cn/。

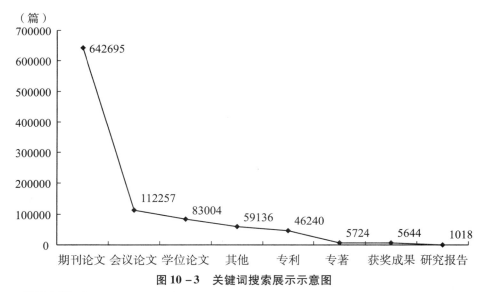

图 10 - 3　关键词搜索展示示意图

资料来源：http://www.irgrid.ac.cn/。

2. 机构

点击可查看到中科院知识库中的成员单位共有 114 个。可以按照区域列表进行查看，其中大部分分布在北京、上海地区，也说明这些地区的经济发展及重视程度较高。机构知识库列表中会显示成员单位的名称、简介、进入网址、成果数量以及下载量和访问量等信息，可以让用户对成员单位有一个大体的了解，页面设置如图 10 - 4 所示。

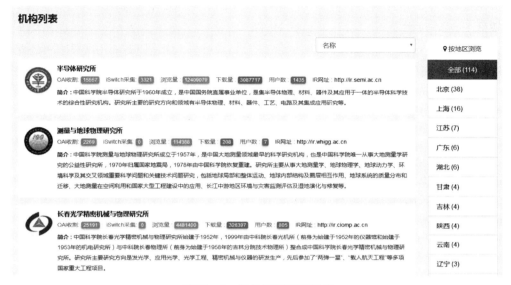

图 10 - 4　机构展示页面示意

注：本图仅用于说明机构知识库的机构设置。

资料来源：http：//www. irgrid. ac. cn/repository - list。

如果要对某一成员单位有进一步的了解，可以点击进入，以半导体研究所为例进行说明。半导体研究所界面设有"成果""专题""学者""统计分析"四个功能区。成果浏览中显示本研究所的成果总量，对于资源的采集方式 OAI 收割和 iSwitch 采集方式的数量进行了详细的列举。资源的类型、发表日期、学科主题也都有细致的分类。统计分析功能显示了机构的成果存缴趋势、访问利用趋势、资源的分布类型及论文的收录情况等信息。

3. 学者界面

与其他知识库的设置基本类似，用户可以通过直接键入学者名字，或者按照机构分类进行查找。点击学者头像可以查看学者的基本信息，也可以进入学者主页获取更详细的资料。比较方便的是在进入学者主页的同时也链接到了学者所在机构的知识库，可以快速地查询机构知识库的其他信息，提高机构知识库的点击率。

4. 知识统计

包括主要汇总分析、分布分析、趋势分析和利用分析。

（1）汇总分析：详细的列明了机构库的资源建设情况。截至 2019 年 5 月，机构知识库的共有学者 30945 人，成果总量为 967206 项，其中全文成果量 654060 项，对外开放的为 405412 项。通过统计发现机构知识库的累积浏览量 149681419 次，其中院外浏览量 145003219 次、国外浏览量 28462681 次。累积下载量 19445651 次，其中院外下载量 18204523 次、国外下载量 6050706 次，均下载量 29 篇。通过院外和国外的浏览量和下载量可以看出机构知识的利用率还是比较高的，在国内乃至国际的影响力还是相当不错。

（2）分布分析：展示了各个成员机构的排行表，具体显示其成员单位成果总量、学者数、浏览量及下载量、成果类型分布、成果收录分布、全文开放及时间分布等情况。从图 10 - 5（a）可以看出，机构知识库的资源主要还是以论文为主，其中期刊论文最多，占到了 67.1%，其他类型的资源相对较少。从图 10 - 5（b）可以看出，除其他外，成果的收录分布中 SCI 占比相对高一些，占比为 20.13%，CSCD 占比为 4.53%。从图 10 - 5（c）可以看出机构知识库的全文开放程度还是相对较多的，占比为 83.54%，限制开放的为 11.2%。

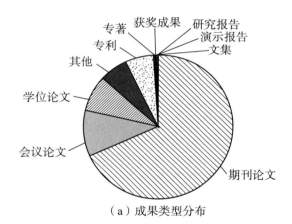

（a）成果类型分布

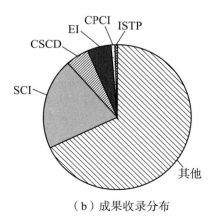

（b）成果收录分布

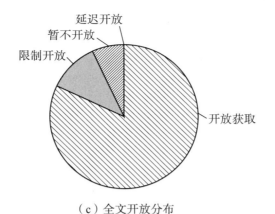

（c）全文开放分布

图 10 - 5　知识统计分布分析

（3）趋势分析：分析了中国科学院机构网格及各研究所知识库某个时间段的存缴趋势、访问利用趋势，用户可以根据自己的需要选择某一时间段自己所要查看的机构的存缴趋势。图 10 - 6（a）列举了中国科学院机构网格 2007 年至今成果的存缴量及存缴全文量。点击数据视图，可以得到每年存缴量和存缴全文量，便于用户获取具体的数值，而且用户可以根据自己的视图习惯切换柱状或折线图，并可以直接导出图片。从图中分析可以看出从 2007 到 2013 年存缴量在不断上升，其中 2013 年为最高，存缴量达到 145874 项，全文量达到 105944 项，2013 年以后存缴数量及全文量都有所下滑。图 10 - 6（b）显示了 2009 年至今的 10 年间机构知识库的访问量和下载量，从中可以看出机构知识库从 2011 年到 2013 年

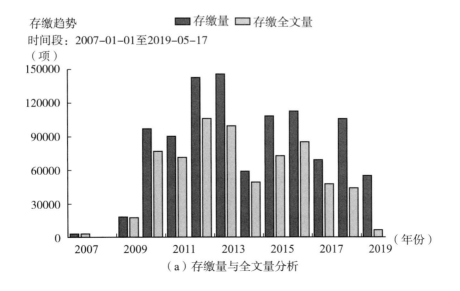

（a）存缴量与全文量分析

图 10 - 6　知识统计趋势分析

注：本图为网页截图，仅用于说明知识库的存交情况及访问情况。
资料来源：http：//www. irgrid. ac. cn/report？ type ＝ trend。

访问量及下载量呈现急速上升趋势，2013 年访问量达到 34101406 次，下载量达到 5107519 次，其后开始出现逐年缓慢降低趋势。

（4）利用排行：分析了中科院知识库网格及各研究所知识库在某个时间段的条目浏览排行、条目下载排行、条目引用排行数据，通过排行表可以看到资源成果的学术影响力，也可以更容易地让用户知道当前的研究的热点。

科研评价包括科研产出能力、科研论文生产力、科研论文影响力和机构对比分析，但是由于该功能尚在建设中，所以还没有开放。

10.1.4　经验总结

中国科学院机构知识库网格作为全球科研机构中较大的、使用较为活跃的公共资金资助科研成果共享系统，其成功之处可归因于以下几点：

1. 建设模式较好

与高校机构知识库各自为政、分散建立和管理的建设模式不同，项目采用"试点→试用→推广"模式，实践证明这种建设模式以一带全，使建设经验共享、成果共享、少走弯路、便于推广，通过建立协同合作机制，发展较为迅速，为机构库建设奠定良好基础。

2. 重视版权问题

版权问题是机构知识建设中的难点问题，在中科院的机构知识库服务网格和其各个成员机构的知识库中对此都作出了规定，即科研人员提交要公开发表的科研成果时，要按照创作共用协议的署名、非商业性使用、禁止演绎的原则进行提交，同时倡导科研人员按照此协议的署名、非商业性使用、相同方式共享的原则进行传播授权，这样可以有效地保证该机构知识库所有存储资源的版权是合法的。

3. 保证资源质量

为了保证机构知识库的资源质量，中科院在资源的提交和审核方面都做了具体详细的规定。在提交主体方面规定，必须是本机构的员工，包括职工，合作作者及学生。在提交时间方面规定，凡是与资助项目相关的资源必须在正式出版后一个月内将其进行存缴。在提交步骤方面规定，必须在机构知识库中进行注册，方可完成存缴。作者上传资源后，知识库会有专门的人员对提交的资源进行审核，审核通过后才能获得授权。机构知识库通过严格的评价体系，保证了资源的可靠性及权威性，提高了知识库的资源质量。

4. 界面设计不断优化

机构知识库的界面设计体现了"以人为本"的原则。在机构知识库建设之初，考虑到很多群体对开放获取政策不是很了解，因此从服务用户的理念出发，在首页设置了政策问答，用红色字体标注，凸显其重要性，并对开放政策提供下载服务，让用户更清晰的明了相关的政策。随着知识库建设进程的推进，越来越多地了解到了机构知识库的功能及意义。因此 2019 年 4 月，中科院对机构知识库的界面进行了全新的改版，改版后的知识库界面更加清晰明了、美观大方，功能区设置更加合理，给用户带来了全新的体验。

当然在机构知识库的不断发展的过程中还存在着一些问题，比如中科院知识服务网格所发表的开放获取政策，其涵盖的范围仅就资源的内容、提交程序及传播等方面做了规定。对于特殊情况下的撤回政策及隐私保护政策没有在知识库中予以明确；全文数量还有待增强，对于文章能否全文下载，也没有像国家自然科学基金基础知识库那样设置醒目的标志；机构知识库的登录注册也对校外用户予以限制，全文下载也依据权限不同而有所不同；界面是中文版，没有其他语种，不利于提高国际知名度。因此在今后的发展过程中仍需不断地完善，以提供更有价值的服务。

10.2　高校机构知识库联盟

机构联盟知识库是指在一个组织的基础上，由多个组织共同构建知识库，通过合作，整合各自的知识库资源，提供数字化服务。机构联盟知识库的特点在于可以节省重复的投资，促进各成员之间的资源共享及交流合作。在知识库建设的早期阶段基本是由某一机构单独建立并维护，但后期在知识库比较发达的欧美地区，许多机构联盟知识库不断涌现。机构联盟知识库建设已成为一种趋势，这一模式对于资金、人员、技术、资源相对较少的国内高校而言，无疑是一个很好的借鉴。

CALIS又称中国高等教育文献保障系统，它是经国务院批准的，我国高等教育总体规划中的三个公共服务体系之一。CALLS的三期规划，主要是关于各高校机构知识库联盟的建设推广项目。CALIS管理中心通过对高校机构知识库建设情况进行调研，成立专门的机关来具体负责知识库联盟建设。2011年8月该项目正式启动。

CALIS机构知识库采用了"分散部署，集中揭示"的分布式建设模式，即由各高校根据自己学校的情况分别构建本校的机构知识库，在建设过程中由CALIS给予必要的指导与协助。其后元数据被统一采集到高校知识库联盟，来建立一个统一展现高校学术资源的平台。通过此平台，可以长期保存数字化的资源，促进高校信息的传递，为用户提供更好的服务。

10.2.1　建设过程

1. 建设缘起

机构知识库联盟的建设在国外已经比较成熟，如建立区域性或国家性联盟知识库。在我国，香港、台湾地区知识库联盟的建设情况相对较好，如在香港建立的香港机构知识库整合系统、在台湾建立了台湾学术机构典藏。而在其他地区，对开放获取运动的意义认知度不高，同样对于机构知识库的建设认同度也不高，部分高校建立了自己的知识库，但没有形成统一的规范，不利于资源的集中展示，CALIS三期建设及推广项目刚好可以解决这一问题，以整合全国高校学术研究成果，提供统一展现的窗口，提升机构知识库成果的利用率。

2. 建设模式

考虑到目前我国高校机构知识库的建设水平高低不齐，对于机构知识库建设的理念、政策、标准等问题比较模糊的状况，在具体实施过程中，采用了"示范馆＋参建馆（1＋4）"的建设机制，如图 10－7 所示。通过对各高校知识库建设水平的评估，选取了北京大学图书馆、北京理工大学图书馆、重庆大学图书馆、清华大学图书馆和厦门大学图书馆作为示范馆进行协助开发知识库平台。每个示范馆在自己所在区域选择 4～5 个参建馆进行知识库的辅助建设，包括政策指导及技术指导，争取在较短时间内扩大影响，以促进我国高校知识库的建设。

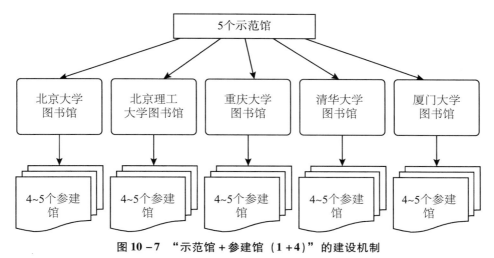

图 10－7　"示范馆＋参建馆（1＋4）"的建设机制

资料来源：符敏华. 高校机构知识库联盟 CALIS 建设探究［D］. 天津师范大学硕士论文集，2017。

3. 软件选择

在机构知识库建设初期，软件的选择尤为重要。CALIS 三期机构知识库首先选择了开源软件，一方面开源软件相对而言比较节省资金；另一方面与商业软件比较，可以协同开发，不断扩展。经过比较，最终选择了 DSpace 1.8 作为开发平台。在此基础上，由五个示范馆共同进行系统构建，开发完成一套完整的基于 DSpace 的机构知识库系统平台。结合用户的需求，对开源平台进行了拓展开发，实现了 DSpace 的中文本地化和多项个性化扩展功能，如中文分词、分面检索、全文在线浏览、全文检索、注册登记、Google 地图定位、快速提交、统计功能和标签云等。项目组还优化了 DSpace 的多项功能，简化了提交流程，提高了用户体验效果。

4. 建设进度

2011年6月，CALIS三期机构知识库建设及推广项目开始筹备，CALIS管理中心联合北京大学图书馆对高校知识库建设情况进行调研，为项目规划提供材料支撑。2011年7月选择本校知识库建设较好并有意向的高校图书馆进行洽谈。2011年8月项目正式启动，确定管理小组，进行职责分配，制定管理制度，开始了项目的具体实施。

2012年4月，项目取得初步成效，开发了三套系统、并制定了一系列的标准和规范。三套系统是由北京大学开发完成的CALIS机构知识库中心系统（CHAIR Central），负责成员注册机书籍收割；由北京大学图书馆、北京理工大学图书馆、清华大学图书馆和厦门大学图书馆联合开发完成的CALIS机构知识库本地系统（CHAIR Local版本）；由重庆大学图书馆开发完成的CALIS机构知识库本地系统（CHAIRRISE版本），本地系统平台可以供成员免费使用，并由5个示范馆提供技术支持。制定的标准、规范如《机构知识库构建指南手册》《机构知识库系统需求说明书》《机构知识库系统设计手册》《机构知识库系统用户手册》《机构知识库系统实施部署手册》等。

在2014年11月中国机构知识库学术研讨会上，北京大学图书馆朱强馆长在中国知识库学术研讨会上进一步呼吁高校机构知识库的建设合作机制，对CALIS三期机构知识库建设及推广项目进行宣传。

2015年9月召开了中国高校机构知识库联盟第一次筹备会。CALIS组织部分高校图书馆在上海交通大学闵行校区召开高校机构知识库共享联盟筹备会，参会代表对联盟章程草案进行了讨论并提出修改意见，针对联盟成立的相关事宜展开热烈讨论，并对成立联盟达成共识，认为联盟的成立对高校机构知识库发展具有重要的推动作用。

2016年3月，召开中国高校机构知识库联盟第二次筹备会。由CALIS管理中心与16家高校图书馆在西安交通大学召开中国高校机构知识库联盟第二次筹备会议，24位代表参加了会议。各参会代表就联盟运行管理机制、发展规划等事关联盟的重大问题发表意见，详细并深入讨论了联盟的发展战略与任务，并制定了下一步工作计划。

2016年9月20日召开中国高校机构知识库联盟第三次筹备会。会议在重庆大学召开，来自15家理事单位的共21位代表参加了会议，就联盟工作计划及发展相关问题展开讨论，为联盟成立做充分的准备。2016年9月22日举行成立大会。

10.2.2　内容介绍

高校机构知识库联盟有中英文两种界面，首页包括"联盟成员""联盟概况""联盟活动""联盟项目""联盟成果""加入联盟"几个模块，提供中英文两种方式。截至 2018 年底，已有 51 个会员单位，元数据总量达到 2868428 项，如图 10 - 8 所示。

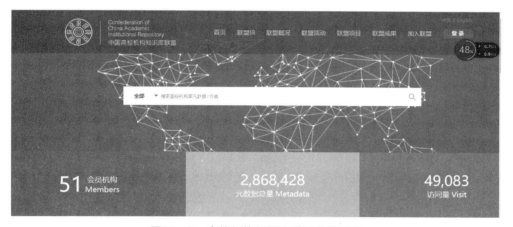

图 10 - 8　高校机构知识库联盟首页示意

注：本图仅用于说明高校机构知识库联盟框架内容。
资料来源：http：//chair. calis. edu. cn/。

1. 联盟成员

机构知识库设置了各搜索框，用户可以直接输入所要查看的机构库名称，亦可点击"联盟成员"出现如图 10 - 9 所示页面，显示成员单位的机构知识库主页及简单介绍。其中包括机构知识库名称、简单描述、元数据数量及全文量等内容，可以让用户对机构知识库有一个简单的印象，点击进入详情，会出现该机构知识库的访问网址，便于用户进行浏览。

2. 联盟概况

联盟概况中，主要介绍了联盟的性质宗旨、联盟成员及其权利义务，如何加盟、退盟；联盟组织机构以及工作的内容及程序，联盟经费的分担等情况。可以让用户对高校知识库联盟的有更进一步的了解。

山东大学机构知识库

机构：山东大学机构知识库

描述：按成果、学者、院系进行科研成果分类，并提供分类统计功能。除公开展示的数据外，还设有教师个人云空间，教师可以注册帐号后对自己的科研、教学成果进行管理，并进行学术动态追踪，由教师自主决定内容是否对外公开。

数据量：305820(元数据) 180000(全文)

主题：

内容类型：

软件：

语言：

开放政策：

》详情

图 10 – 9 "联盟成员"详细页示意

注：本图仅用于说明高校机构知识库联盟框架内容。

资料来源：http：//chair. calis. edu. cn/。

3. 联盟活动

联盟活动会简单介绍联盟成立以来比较重要的通知及会议。在简单概括之后，还会提供会议的相关资料，供用户查阅。点击即可获取，便于用户对会议精神的深度把握，如图 10 – 10 所示。

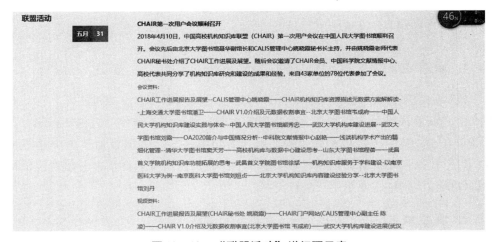

图 10 – 10 "联盟活动"详细页示意

注：本图仅用于说明高校机构知识库联盟框架内容。

资料来源：http：//chair. calis. edu. cn/。

4. 联盟项目

CHAIR 根据联盟发展需要组织开展各项研究工作。项目联盟中设置了目前主要推动的研究任务，IR 能对研究任务进行具体的分解，列举具体的研究项目、指明牵头单位、协助单位，有利于群策群力，更好的致力于机构知识库的建设。

5. 联盟成果

联盟成果是对联盟项目完成情况的汇总，按照任务分解，对于各个单位的完成情况会在联盟成果中详细的展示，便于大家借鉴和使用。

6. 加入联盟

IR 中详细列举了加入联盟的程序：首先申请者应认真阅读联盟的章程，了解联盟的具体情况，知识库提供在线申请，申请机构填写申请表后要等待审批，审批通过后，付款交费即可完成加入，如图 10 - 11 所示。

CHAIR联盟会员申请流程主要分为三大部分：提交会员申请表（绿色）→理事会审批（蓝色）→交会费（粉）

活动编号	活动名称	执行角色	活动内容
1	了解联盟	申请单位	申请单位阅读联盟章程，了解CHAIR详情，明确相关权利与义务。
2	在线申请	申请单位	登录CHAIR门户网站，点击"登录"，进入注册申请页面，认真填写真实详细的信息后，提交。（申请单位须对各自填写的信息负责）。
3	填写申请表	申请单位	申请单位下载并填写《会员申请表》，认真填写真实详细的信息，机构负责人签字盖章后，邮寄至CHAIR秘书处。
4	理事会审批	CHAIR	CHAIR秘书处收到申请单位邮递的申请表后，提交理事会进行审批，审批完毕后，邮件通知申请单位结果。
5	通知付款	CHAIR	经理事会审批符合条件的申请单位，CHAIR秘书处发送审批成功的通知并发送会员会费标准及经费使用说明等信息，通知申请单位缴纳会费。

图 10 - 11　加入联盟的详细流程示意

注：本图仅用于说明高校机构知识库联盟加入程序。
资料来源：http://chair.calis.edu.cn/。

10.2.3　经验总结

我国高校机构知识库联盟的成立对推动我国内地（大陆）地区机构知识库联盟建设起到了示范作用。CALIS 机构知识库采用"自上而下"的组织模式，从国家层面进行推进，鼓励和帮助高校机构知识库的建设，力度较大。采用"示范馆

+参建馆"的建设机制,为成员单位提供了切实可行技术支持,节省了大量的人力、物力、财力。采用"分散建置,集中呈现"的建设模式,一方面可以展现各高校知识库的不同特点,另一方面可以通过数据聚合,对成员单位的资源成果集中呈现,进行有效的保存,促进知识共享。目前我国内地(大陆)地区的高校机构知识库联盟建设尚处于探索阶段,还存在很多的问题,比如联盟参建机构数量较少,覆盖范围狭小,发展不平衡。内地(大陆)地区所有类型的高校数量总数过千,而联盟成员数量如今只有 51 所,相对较少,有些知识库建设比较好的高校却不在知识库联盟之中。成员机构中各个高校机构知识库发展不平衡,完善程度相差比较大。资源数量相对较少,全文资源数据占比不明确,类型结构单一。知识库的开放程度不够,有些成员单位的知识库网页无法打开,有些成员单位的知识库尚未开放。在以后的发展过程中,要强化内容价值理念,树立满足用户需求、为社会服务观念,增强知识库的开放程度;应注意加大宣传力度,吸收新的成员,加强推广应用,以吸引更多的高校加入其中;及时更新数据,扩充资源类型,增加机构知识库的特色服务,提供更好的用户体验;积极寻求各方的支持,确保资金保障,以促进高校机构知识库的可持续发展。

第 11 章

结　语

通过对有代表性的机构知识库的分析，我们不难发现与国外机构知识库建设相比较，我国机构知识库的建设仍处于初级阶段，机构知识库的国际影响力不高，机构知识库的数量和质量都存在着很大的差距。我国知识库建设现状不容乐观，主要存在的问题如缺少资金支持，难以保证知识库的可持续发展；对机构知识库的认识程度不够，很多高校尚未着手机构知识库的建设；收录资源数量参差不齐，高校机构知识库资源采集政策一方面受制于版权因素，另一方面也受制于对知识库建设的不重视；机构知识库的丰富性、易用性、规范性和可持续性方面都存在不足，学校之间数据量差距较大；全文资源获取困难，开放程度不够，除中科院、国家自然基金科学基金、厦门大学相对较好外，其他知识库都存在一定程度的限制；部分已经建成的机构库大多是限于校内访问，有些机构知识库的网址根本找不到，如北京大学机构知识库在校外网页无法打开、中国人民大学机构知识库、青岛科技大学机构知识库等校外访问均受限等。

针对上述问题，笔者认为应从以下几个方面入手。

1. 扩充机构知识库的内容

机构知识库是以保存科研成果和促进学术交流的目的而构建的，若只是一个空壳则没有任何意义，所以机构知识库中的内容必须不断地充实。目前主要的做法是由学校的图书馆来负责机构知识库的建设发展事项，因此首先应对图书馆的人员进行培训，然后由他们对机构知识库的内容进行维护和扩充。同时可借鉴美国机构知识库的经验，采取强制存缴与激励存缴相结合的政策，以确保机构知识库资源的可持续发展。

2. 加大机构知识库的宣传力度

高校机构知识库即使功能再强大、容易使用，如果高校的科研人员都不知道机构知识库的存在，机构知识库的构建也是失败。因此加大对机构知识库的宣传和推广力度，使科研人员知道并且了解机构知识库作用就显得尤为重要。目前具体可以通过校园网站、发宣传单、做专题讲座等方式向高校的科研人员进行宣传，并通过宣传深入介绍高校机构知识库的用途，提高知识库的影响力。

3. 争取学校领导部门的支持

机构的机构知识库是否建立，还是需要机构领导部门决定，同时机构知识库资源收集是需要各部门相互配合，需要各学院向机构知识库中批量上传机构中科研人员的科研文献等学术成果。因此必须取得各院和研究机构对机构知识库完全支持，建立良好的协同机制，共同努力，提升知识库的建设水平。

4. 制定开放获取政策

良好的政策是机构知识库发展的重要保障，就国内各机构知识库建设而言，部分高校的开放获取政策只有简单的说明。有的高校开放获取政策有详细的规定，但基本上雷同，如中科院各个机构的知识库的建设风格基本相同，开放获取政策的制定也如出一辙，而各大学机构知识库之间如中国人大与北大的开放获取政策的内容也相差不多，不同的学校拥有不同的强势学科和专业特色，机构知识库政策的制定也应凸显本机构的特色，要根据学校自身的情况适时更新政策，以满足学校不同发展阶段的不同需求。

总之，我国机构知识库的建设任重而道远，一方面我们要学习国外比较成功的机构知识库建设案例，借鉴其先进经验，另一方面我们也必须从我国的实际情况出发，加强宣传，培养人才，努力实现开放获取，从机构知识库的政策制定入手，不断丰富资源数量，提高资源质量，建设适合我国科技发展的高质量、高水平的机构知识库。

附 录

机构知识库综合能力调查问卷

尊敬的女士/先生：

您好！感谢您在百忙中参与本次调查研究。本问卷将采用匿名作答，您填写的一切资料仅用于学术研究，我们会为您保密，还请您认真、如实填写。本次调查将会占用您 3~5 分钟的时间，谢谢配合！

一、基本信息

1. 您所在的学校或单位名称：_____

2. 您的年龄：

□18~25 岁　　　　　　　□26~35 岁　　　　　　　□36~45 岁

□46~55 岁　　　　　　　□55~60 岁　　　　　　　□60 岁以上

3. 您的身份

□在校大学生　　　　　　□在校研究生　　　　　　□工作

□退休

4. 您的工作种类（可多选）

□高校教师　　　　　　　□图书管理员　　　　　　□机构知识库管理人员

□其他（_____）

二、对机构知识库的了解

1. 您了解机构知识库吗？

□从未听说过　　　　　　□听说过　　　　　　　　□简单了解

□非常了解　　　　　　　□专家级别

2. 您从什么途径了解到机构知识库的？

□图书馆网站　　　　　　□学校宣传　　　　　　　□网络上

□听别人说过　　　　　　□从书上专门学习过

三、机构知识库的使用情况

1. 你们学校/单位有没有机构知识库？

□有　　　　　　　　　　□没有

2. 您认为一个学校/单位有没有建设机构知识库的必要？

□非常有　　　　　　□有　　　　　　　□无所谓

□不是很有　　　　　□完全没有

3. 您使用过机构知识库吗？

□用过　　　　　　　□没用过

4. 您认为机构知识库应该有哪些功能？

□下载学术资源　　　□存缴本人成果　　　□科研助手

□知识管理　　　　　□信息服务　　　　　□决策管理

□教学资料的保存和管理服务　　　　　　　□其他（＿＿＿＿）

5. 您使用过的机构知识库有哪些功能？

□下载学术资源　　　□存缴本人成果　　　□科研助手

□知识管理　　　　　□信息服务　　　　　□决策管理

□教学资料的保存和管理服务　　　　　　　□其他（＿＿＿＿）

请对所选功能进行排序＿＿＿＿＿＿＿＿

6. 如果机构知识库有以下功能，请按照重要程度高低给其评分，1～5 分为非常不重要至非常重要。

	1	2	3	4	5
下载学术资源	□	□	□	□	□
存缴本人成果	□	□	□	□	□
科研助手	□	□	□	□	□
知识管理	□	□	□	□	□
信息服务	□	□	□	□	□
决策管理	□	□	□	□	□
教学资料的保存和管理服务	□	□	□	□	□
其他（＿＿＿＿）	□	□	□	□	□

7. 您见过/使用过的机构知识库的资源类型有哪些？（多选）

□期刊　　　　　　　□学位论文　　　　　□会议论文

□专利　　　　　　　□成果　　　　　　　□未出版报告和工作手稿

□图书　　　　　　　□教学参考资料　　　□多媒体视听资料

□学习资料　　　　　□数据库　　　　　　□实验数据及实验结果

□软件产品及相关资料　□各种观点、看法、思想、经验、诀窍和总结

□其他（＿＿＿＿）

8. 您认为机构知识库的资源类型应该有哪些？（多选）

□期刊　　　　　　　□学位论文　　　　　□会议论文

□专利　　　　　　　□成果　　　　　　　□未出版报告和工作手稿

☐图书　　　　　☐教学参考资料　　　☐多媒体视听资料

☐学习资料　　　☐数据库　　　　　　☐实验数据及实验结果

☐软件产品及相关资料　☐各种观点、看法、思想、经验、诀窍和总结

☐其他（＿＿＿＿＿＿＿）

9. 您认为机构知识库目前存在的问题有哪些?

☐建设经费不足　　☐维护费用不足　　☐管理人才缺乏

☐管理层缺乏重视　☐缺乏社会认知　　☐功能单一

☐缺乏共享能力　　☐资源内容较少　　☐内容更新缓慢

☐其他（＿＿＿＿＿＿＿）

我们在此承诺，本问卷所获取的信息将只会用于科学研究，感谢您的配合，再次对您表示衷心的感谢!

参 考 文 献

[1] 曹树金，古婷骅，马翠嫦．图情领域机构知识库可聚合性分析 [J]．图书情报知识，2016（10）：95 – 106.

[2] 曾苏，马建霞，祝忠明．机构知识库联盟发展现状及关键问题分析 [J]．图书情报工作，2009（12）：106 – 110.

[3] 常唯．机构知识库：数字科研时代一种新的学术交流与知识共享方式 [J]．图书馆杂志，2005（3）：16 – 19.

[4] 陈光华，吴哲安．台湾大学机构典藏系统之建置 [J]．图书馆学与资讯科学，2007（10）：33 – 47.

[5] 陈化琴．高校机构知识库著作权授权模式分析 [J]．图书馆学研究，2018（4）：97 – 101.

[6] 陈慧香，邵波，张译文．国内外机构知识库联盟的现状分析与策略研究 [J]．图书馆学研究，2016（16）：11 – 16.

[7] 陈枝清，徐婷．日本机构知识库发展与现状研究 [J]．图书情报工作，2010（8）：108 – 111.

[8] 崔海媛，聂华．资助机构开放获取知识库研究与构建——以国家自然科学基金基础研究知识库为例 [J]．图书情报工作，2017（6）：45 – 52.

[9] 邓君．机构知识库建设模式与运行机制研究 [D]．吉林大学学位论文，2008.

[10] 冯伟伟．高校机构知识库构建研究——以河南科技大学为例 [J]．图书情报与档案管理，2016：30 – 35.

[11] 符敏华．高校机构知识库联盟 CALIS 建设探究：基于台湾 TAIR 与大陆 CALIS 比较视角 [D]．天津师范大学学位论文，2017.

[12] 谷秀洁．开放型机构知识库著作权管理研究 [M]．上海：上海交通大学出版社，2013.

[13] 何艳宁．台湾地区机构库运行机制分析——以台湾大学学术机构典藏（NTUR）为例 [J]．图书馆学研究，2009（10）：29 – 33.

[14] 洪梅，马建霞．机构知识库建设机制初探 [J]．情报杂志，2007（8）：

37 – 39.

[15] 洪秋兰，邱祥岷．国内研究所机构知识库发展动态统计分析［J］．图书馆工作与研究，2014（7）：30 – 34.

[16] 胡芳，钟永恒．机构库建设的版权问题研究［J］．图书情报工作，2007（5）：50 – 53.

[17] 黄筱瑾，黄扶敏，王倩．我国机构知识库联盟发展现状及比较［J］．图书馆学研究，2014（12）：95 – 98.

[18] 柯平，王颖洁．机构知识库——大学图书馆的新平台［J］．新世纪图书馆，2007（1）：5 – 8，99.

[19] 柯平，王颖洁．机构知识库的发展研究［J］．图书馆论坛，2006（12）：243 – 248.

[20] 兰州大学机构知识库建设策略与推广服务［C］.2017 中国机构知识库学术研讨会，2017.

[21] 李强．中美高校图书馆机构知识库资源建设比较及启示［J］．中华医学图书情报杂志，2017（6）：17 – 22.

[22] 林静，韩闯，朱俊波．关于厦门大学图书馆学术典藏库建设的思考［J］．农业网络信息，2015（4）：55 – 57.

[23] 刘思峰，杨英杰．英国高校科研评估的卓越框架及其借鉴价值［J］．中国高校科技，2015（12）：7 – 10.

[24] 刘雪梅．兰州大学机构知识库建设实践与探索［J］．情报探索，2016（8）：43 – 46.

[25] 刘艳民，祝忠明，张旺强．基于机构知识库的查收查引功能设计与实现［J］．图书情报工作，2018（12）：91 – 97.

[26] 柳菁．美国机构知识库版权问题的解决方式及启示［J］．情报科学，2013（5）：157 – 160.

[27] 马建霞．机构知识库内容建设与服务设计的趋势［J］．情报理论与实践，2010（9）：23 – 27.

[28] 马景源，白林林．机构知识库用户的使用和存缴意愿研究——以中国科学院文献情报中心机构知识库为例［J］．信息管理与信息学，2018（11）：49 – 51.

[29] 聂华，韦成府，崔海媛．CALIS 机构知识库：建设与推广、反思与展望［J］．探索交流，2013（3）：46 – 51.

[30] 邵波，陈慧香，刘啸．基于联盟的高校机构知识库的构建研究［J］．图书馆学研究，2016（12）：33 – 38.

[31] 宋姬芳. 基于机构知识库的学科知识服务 [EB/OL]. https://wenku. baidu. com/view/7eee68b2804d2b160a4ec0b1. html.

[32] 苏庆收, 刘文云, 马伍翠, 刘莉. 机构知识库开放获取政策体系内容研究 [J]. 情报理论与实践, 2018 (10): 34-39.

[33] 孙会清, 杜鑫, 廉立军. 美国知名高校机构知识库调查与分析 [J]. 情报杂志, 2018 (4): 161-169.

[34] 孙振良. 高校机构知识库建设现状及策略研究 [J]. 情报科学, 2010 (3): 353-360.

[35] 唐义, 肖希明. 港台学术机构知识库的调查与分析 [J]. 图书馆论坛, 2011 (8): 38-41.

[36] 万文娟, 吴高. 国内外机构知识库建设现状比较研究 [J]. 国家图书馆学刊, 2010 (4): 31-35.

[37] 王丽, 孙坦. 中国科学院联合机构知识库的建设与推广 [J]. 图书馆建设, 2010 (4): 10-13.

[38] 王婉. 香港地区大学机构知识库的调查与分析 [J]. 农业图书情报学刊, 2012 (7): 101-104.

[39] 王文华. 知识库发展的新模式——机构联盟知识库 [J]. 情报科学, 2008 (3): 373-376

[40] 熊秀忠, 唐静, 陈华, 胡宁. 机构知识库建设实践与探讨——以中国人民大学教师成果数据库建设为例 [J]. 信息资源建设与管理, 2012 (1): 143-145.

[41] 徐红玉, 李爱国. 中国科学院系统与高等学校机构知识库建设比较研究 [J]. 国书情报工作, 2014 (12): 78-83.

[42] 许丽丽. 台湾地区的机构知识库建设及启示 [J]. 信息资源建设, 2009-11.

[43] 杨茗溪. 美国高校机构知识库开放获取政策调查 [J]. 图书馆建设, 2018 (8): 33-38.

[44] 袁顺波, 董文鸳, 李宾. 西方机构库研究的现状及启示 [J]. 图书馆杂志, 2006 (8): 4-8.

[45] 翟建雄. 开放存取知识库版权政策概述 [J]. 国家图书馆学刊, 2007 (4): 33-38.

[46] 张晓林. 机构知识库的政策、功能和支撑机制分析 [J]. 图书情报工作, 2008 (1): 23-27+19.

[47] 张雪蕾, 魏青山, 尹飞. 构建服务扩展型机构知识库的实践与探

索——以西安交通大学为例 [J]. 实践研究, 2017 (7): 93 – 97.

[48] 张雪蕾, 魏青山. 高校机构知识库政策框架研究——基于西安交通大学机构知识库的实践 [J]. 图书馆理论与实践, 2016 (4): 77 – 79.

[49] 张雪蕾. 西安交通大学机构知识库政策研究 [J]. 论文汇编, 2014 (19): 231 – 233.

[50] 张赟月. 台湾地区机构典藏现状探微 [J]. 图书馆建设, 2011 (2): 20.

[51] 张云瑾. 台湾地区机构知识库建设特点及其启示 [J]. 福建师范大学学报 (哲学社会科学版), 2010 (4): 57 – 59.

[52] 赵洁洁, 詹华清, 介凤. 高校机构知识库学术评价功能研究 [J]. 图书馆杂志, 2016 (11): 20 – 25.

[53] 中国人民大学机构知识库建设实践与体会 [EB/OL]. http://www.docin. com/p – 981731944. html.

[54] 朱立禄, 宋世俊, 王琳. 国内外机构知识库建设现状及建议现代情报 [J]. 现代情报, 2017 (3): 109 – 115.

[55] MIT Libraries, massachusetts institute of technology. dspace@ MIT [EB/OL]. http://dspace. mit. edu/, 2010 – 07 – 15.

[56] Jisc RepositoryNet [EB/OL]. http://www. jisc. ac. uk/publications/briefingpapers/2007/repositorynet. aspx, 2013 – 09 – 28.

[57] Liu. Eliotzh. 香港大学学术库——机构知识库的应用扩展 [J]. 大学图书馆学报, 2014 (11): 68 – 75.

[58] University of Florida GeorgeA. Smathers libraries. university of florida digital collections [EB/OL]. http://ufdc. Ufl. Edu/, 2017 – 05 – 12.

[59] University of Pennsylvania faculty open-access statement of principles for scholarly articles [EB/OL]. http://www. upenn. edu/almanac/volumes/v58/n03/openaccess. Html, 2017 – 06 – 20.